U0590853

物理

文化百科

物理研究状况

牛 月 编著 胡元斌 丛书主编

汕头大学出版社

图书在版编目（CIP）数据

物理：物理研究状况 / 牛月编著. -- 汕头：汕头
大学出版社，2015.2 （2020.1重印）
（中国文化百科 / 胡元斌主编）
ISBN 978-7-5658-1623-9

Ⅰ．①物… Ⅱ．①牛… Ⅲ．①物理学史－中国 Ⅳ.
①04-092

中国版本图书馆CIP数据核字 (2015) 第020875号

物理：物理研究状况 　　　　WULI：WULI YANJIU ZHUANGKUANG

编　　著：牛　月
丛书主编：胡元斌
责任编辑：邹　峰
封面设计：大华文苑
责任技编：黄东生
出版发行：汕头大学出版社
　　　　　广东省汕头市大学路243号汕头大学校园内　邮政编码：515063
电　　话：0754-82904613
印　　刷：三河市燕春印务有限公司
开　　本：700mm×1000mm 1/16
印　　张：7
字　　数：50千字
版　　次：2015年2月第1版
印　　次：2020年1月第2次印刷
定　　价：29.80元
ISBN 978-7-5658-1623-9

前 言

　　中华文化也叫华夏文化、华夏文明，是中国各民族文化的总称，是中华文明在发展过程中汇集而成的一种反映民族特质和风貌的民族文化，是中华民族历史上各种物态文化、精神文化、行为文化等方面的总体表现。

　　中华文化是居住在中国地域内的中华民族及其祖先所创造的、为中华民族世世代代所继承发展的、具有鲜明民族特色而内涵博大精深的传统优良文化，历史十分悠久，流传非常广泛，在世界上拥有巨大的影响。

　　中华文化源远流长，最直接的源头是黄河文化与长江文化，这两大文化浪涛经过千百年冲刷洗礼和不断交流、融合以及沉淀，最终形成了求同存异、兼收并蓄的中华文化。千百年来，中华文化薪火相传，一脉相承，是世界上唯一五千年绵延不绝从没中断的古老文化，并始终充满了生机与活力，这充分展现了中华文化顽强的生命力。

　　中华文化的顽强生命力，已经深深熔铸到我们的创造力和凝聚力中，是我们民族的基因。中华民族的精神，也已深深植根于绵延数千年的优秀文化传统之中，是我们的精神家园。总之，中国文化博大精深，是中华各族人民五千年来创造、传承下来的物质文明和精神文明的总和，其内容包罗万象，浩若星汉，具有很强文化纵深，蕴含丰富宝藏。

　　中华文化主要包括文明悠久的历史形态、持续发展的古代经济、特色鲜明的书法绘画、美轮美奂的古典工艺、异彩纷呈的文学艺术、欢乐祥和的歌舞娱乐、独具特色的语言文字、匠心独运的国宝器物、辉煌灿烂的科技发明、得天独厚的壮丽河山，等等，充分显示了中华民族厚重的文化底蕴和强大的民族凝聚力，风华独具，自成一体，规模宏大，底蕴悠远，具有永恒的生命力和传世价值。

在新的世纪，我们要实现中华民族的复兴，首先就要继承和发展五千年来优秀的、光明的、先进的、科学的、文明的和令人自豪的文化遗产，融合古今中外一切文化精华，构建具有中国特色的现代民族文化，向世界和未来展示中华民族的文化力量、文化价值、文化形态与文化风采，实现我们伟大的"中国梦"。

习近平总书记说："中华文化源远流长，积淀着中华民族最深层的精神追求，代表着中华民族独特的精神标识，为中华民族生生不息、发展壮大提供了丰厚滋养。中华传统美德是中华文化精髓，蕴含着丰富的思想道德资源。不忘本来才能开辟未来，善于继承才能更好创新。对历史文化特别是先人传承下来的价值理念和道德规范，要坚持古为今用、推陈出新，有鉴别地加以对待，有扬弃地予以继承，努力用中华民族创造的一切精神财富来以文化人、以文育人。"

为此，在有关部门和专家指导下，我们收集整理了大量古今资料和最新研究成果，特别编撰了本套《中国文化百科》。本套书包括了中国文化的各个方面，充分显示了中华民族厚重文化底蕴和强大民族凝聚力，具有极强的系统性、广博性和规模性。

本套作品根据中华文化形态的结构模式，共分为10套，每套冠以具有丰富内涵的套书名。再以归类细分的形式或约定俗成的说法，每套分为10册，每册冠以别具深意的主标题书名和明确直观的副标题书名。每套自成体系，每册相互补充，横向开拓，纵向深入，全景式反映了整个中华文化的博大规模，凝聚性体现了整个中华文化的厚重精深，可以说是全面展现中华文化的大博览。因此，非常适合广大读者阅读和珍藏，也非常适合各级图书馆装备和陈列。

目 录

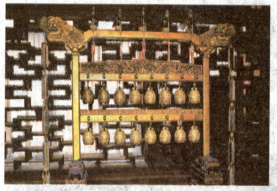

古代力学

古代热学

古代

声学是研究一切声音现象、利用声音或消除声音的科学。自然界中时刻都发生各种各样的声音，可谓无所不有，五花八门。

声学是我国历史上最悠久的学科之一。宋代沈括在《梦溪笔谈》中叙述共振现象和音调的无穷变化时说"此声学要妙处也"。可见"声学"在我国历史上是最早定名的科学名词之一。

在我国古代，声学效应早就在实际中加以应用了。从振动与波的概念的形成，到实践中的"地听"、乐器制造、声学建筑等，都有许多突出的成就。

对共振与声波的认识

　　对于振动和波的概念，是人们在长期实践中建立和发展起来的。

　　各种各样的声波都是由发声体振动引起的，这种振动通过空气或其他媒介传播到人的耳朵，人就听到了声音。并在人的头脑中逐渐加深了对它们的认识。

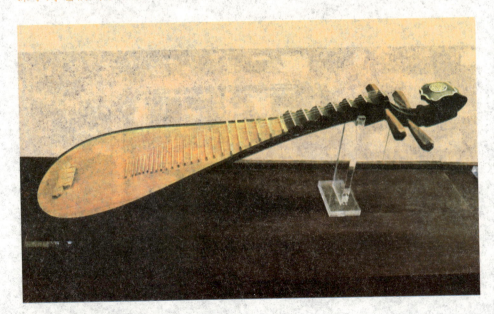

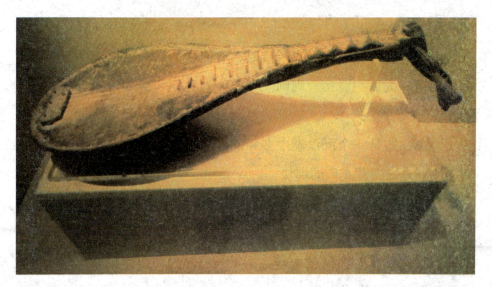

　　唐武宗时，当朝太尉李德裕手下有一个乐官名叫廉郊，师从当时的琵琶大师曹钢，技艺精湛，听他的演奏如闻仙乐。

　　在一个月白风清的夜晚，李太尉带着廉郊及随从们，邀约曹钢带着琵琶，来到李德裕的平泉别墅湖边，大家欢聚，赏月弹琴。

　　廉郊主奏蕤宾调《荖荷》大曲，曹钢用和声陪衬。乐曲起伏错落，高低昂扬。弹奏几曲以后，音乐会渐进高潮。

　　太尉与众人正神往于乐曲勾画出的音乐意境之中时，湖中传来阵阵像是鱼儿跳出水面又落下时溅水的声音。演奏者一听，就停奏了《荖荷》，改奏其他作品，而湖中声音消失了，也没什么动静了。

　　太尉安慰众位宾客，让接着弹。于是师徒两人转轴拨弦，再次演奏。《荖荷》大曲再起，湖水中又有声音传出。师徒两人想到太尉兴致这样高，便交换一下脸色，没有停止演奏。

　　这时，奇怪的事发生了：湖水中传来的奇特的音响越来越大，好像同琵琶大曲蕤宾调《荖荷》相和。众人正惶恐之间，一块长方形的东西夹带着水声、风声从湖中跃出，"哐当"一声跌落在岸边。奇怪的声音也戛然而止。

正在大家惊魂未定不知所措时，有胆大的随从已把这件东西送到太尉面前。太尉一看，"呵呵"一笑，对曹钢、廉郊说："这是你们的知音啊！"

原来，这是一个沉没湖中多年的名叫"方响"的打击乐器中的一块，刚好是专奏蕤宾调的那块。

曹钢说："太尉高见，这就是声律相应啊！"

在这个有点诡异的故事中，廉郊竟能以美妙的音乐引起湖底沉铁共鸣，受振出水，而琵琶大师曹钢将其解释为"声律相应"，恰恰验证了声音共振这个科学道理。

其实，古人获得这些共振知识，是经历了一个长期的实践过程。

当一个物体发声振动时另一个物体也随着振动，这种现象叫作共振。在古代典籍中有大量的关于共振现象的记述。比如《庄子》一书

最早记下了瑟的各弦间发生的共振现象：

一种情况是，在弹宫、角等基音时，置于一室的诸瑟相应的弦也发生振动；另一种情况是，如果调一弦，使它和宫、商、角、徵、羽"五声"中任何一声都不相当，弹动它时，另一个瑟上25根弦都动了起来。

后一种现象一般情况下较

难以察觉到，古人能发现这一点，说明他们的观察是很细致的。

古人不但观察到了共振现象，还试图对之加以解释，这方面最具代表性的是西汉时期思想家董仲舒。

他在其《春秋繁露·同类相动篇》写道：

具有相同性质的物体可以相互感应，之所以会鼓宫宫动，鼓商商应，就是由于它们声调一样，这是必然现象，没有任何神奇之处。

董仲舒能正确认识到这是一种自然现象，打破了笼罩在其上的神秘气氛，是有贡献的。

两汉时期，人们对共鸣现象有了进一步的认识，其中值得一提的是西晋时期文学家张华，他把共鸣现象范围推广至乐器之外。

据传当时殿前有一大钟，有一天钟忽然无故作响，人们十分惊异，去问张华。

张华回答说这是蜀郡有铜山崩塌，所以钟会响。不久，蜀郡上报，果然如此。

张华把铜山崩与钟响应联系起来，这未必意味着他从共振的角度出发考虑这件事。不过用董仲舒的观点也能解释：钟是铜铸的，铜山崩，钟即应，是由于"同类相动"的缘故。

南北朝时期的志怪小说集《异苑》中提及张华的另一件事，却明明白白是从共鸣角度作解的。

洛阳附近的某人有一个铜洗盆，晨夕自鸣，就问张华。张华说此盆与钟相应，洛阳朝暮撞钟，故铜盆作声响应。张华建议他以铁锉打磨铜盆至稍轻，其鸣自止。此人如法磨盆，果不复鸣。

这里，张华不仅认定这是共鸣现象，找到了共鸣源，而且提出了消除共鸣的方法，制止了共鸣的发生。

至宋代，科学家沈括把古人对共振现象的研究进一步向前做了推进。他用实验手段探讨乐器的共鸣。

他剪了一个小纸人，放在基音弦线上，拨动相应的泛音弦线，纸人就跳动，弹别的弦线，纸人则不动。

这样，他就用实验方法，把音高相差八度时二弦的谐振现象直观形象地表现了出来。

沈括这个实验，比起欧洲类似的纸游码实验，要早好几个世纪。

沈括的实验对后人颇有影响。明代晚期学者方以智就曾在其《物理小识》中明确概括道：声音之和，足感异类。只要声音特性一致，即频率相同或成简单整数比，在不同器物上也能发生共鸣。

他指出，乐器上的共鸣具有同样的本质，都是由于"声音相和"

引起的。

方以智的这些话，标志着人们对共鸣现象本质的认识又深入了一步。

事实上，古人对共鸣现象的最初认识及其逐步加深，伴随着对自然界中波的理解。也就是说，在自然界中共振与波密切相关。

上古时候，人们在渔猎生产中常见到这样的现象：湖泊池沼的涟涟水波，水面上的浮萍、木条却并不随波前进，而是在做上下振动；在纺绳织网中，弹动绳子，"波浪"从一头传至另一头，但绳子上的线头也不随"波"逐流。

对于类似现象，人们经过了长久的思索才有了答案。比如《管子·君臣下》写道：浪头涌起，到了顶头又会落下来，乃是必然的趋势。这是春秋时期人们的回答。

至东汉时期，人们对此有了进一步的认识。东汉时期思想家王充终于发现，声音在空气中的传播形式是和水波相同的。

王充在《论衡·变虚篇》写道：鱼身长一尺，在水中动，震动旁边的水不会超过数尺，大的不过与人一样，所震荡的远近不过百步，而一里之外仍然安然清澈平静，因为离得太远了。

如果说人操行的善恶能使气变动，那么其远近应该跟鱼震荡水的远近相等，气受人操行善恶感应变化的范围，也应该跟水一样。

王充在这里表达了一个科学思想：波的强度随传播距离的增大而衰减，如鱼激起的水波不过百步，在500米之外消失殆尽；人的言行激起的气波和鱼激起的水波一样，也是随距离而衰减的。

可以认为，王充是世界上最早向人们展示不可见的声波图景的，也是他最早指出了声强和传播距离的关系。

至明代，借水波比喻空气中声波的思想更加明确、清楚。明代科学家宋应星在《论气·气声篇》中的结论是：敲击物体使空气产生的波动如同石击水面产生的波。

声波是纵波，其传播能量的方向和振动方向相平行；水波是横波，其传播能量的方向和振动方向相垂直。尽管古代人由于受到时代的局限性，对纵波和横波分不清，但上述认识已经是古人在声学方面的一个巨大进步。

拓展阅读

　　唐代洛阳某寺一僧人房中挂着磬这种乐器，经常自鸣作响。僧人惊恐成疾。

　　僧人的朋友曹绍夔是朝中管音乐的官员，闻讯特去看望。这时正好听见寺里敲钟声，磬也作响。于是便说："你明天设盛宴招待，我将为你除去心疾。"

　　第二天宴罢，曹绍夔掏出怀中铁锉，在磬上锉磨几处，磬再也不作响了。僧人觉得很奇怪，问他所以然。

　　曹绍夔说："此磬与钟律合，故击彼应此。"僧大喜，病也随着痊愈了。

　　这个故事表明我国古人已具有较丰富的声学知识。

对共鸣与隔音的利用

共鸣器是将声音放大，以便听到远处的声音。值得注意的是，那种以竹筒听地声的方法正是后来医用听诊器的始祖。在战争环境下，古代人发明了各种各样的共鸣器，用来侦探敌情。

早在战国初期，勇敢善战的墨家就发明了侦探敌情的方法。《墨子·备穴》就记载了其中的几种。

古代的中国人还发明了隔声的方法，是把声音约束在一定范围内，不让它传播出去。

　　三国时期，诸葛亮率蜀军南下，来到云南陆良，与南军在战马坡相会。南蛮王孟获特意请深通法术的八纳洞洞主木鹿大王前来助阵。

　　木鹿大王来到战马坡，命手下官兵挖了两条长不到40米，宽不足1米的山路，叫做"惊马槽"，并将蜀军引到附近。

　　双方开战后，军南阵营突然响起"呜呜"的号角声，随即虎豹豺狼、飞禽走兽乘风而出。蜀军深入云南，从未见过这阵势，一时无力抵挡，迅速退入山谷。就在这时，意外发生了。

　　一阵狂风过后，只听周围的岩石、树木一齐作响，发出凄厉的尖啸，似厉鬼呼号，摄人魂魄。蜀军马惊人坠，损失惨重。后来，诸葛亮施展才智，巧用计谋，才降伏了孟获。

　　此战过后，惊马槽一带从此阴云不散。1000多年来，生活在这里的村民，在一处幽深的山谷中，经常会听到兵器相碰、战马嘶鸣的声音，他们把这种奇怪的现象叫作"阴兵过路"。直至惊马槽的旁边修了一条公路，怪声便很难听到了。

　　其实，惊马槽的形状很像啤酒瓶的瓶身，如果吹一下啤酒瓶口，可以听到刺耳的响声。吹进惊马槽的风，在与岩壁不断撞击之后，形成了共鸣与声音反射的声学现象，于是村民们传说的怪声出现了。

　　很显然，这是一个物理现象，在声学上叫"共鸣"。

　　共鸣是一种物理现象。我国古代对共鸣现象的认识和利用是颇有成就的。比如制造共鸣器，让声音通过它来放大，便能听到远处的声音。这项技术曾经被用于军事上。

　　早在战国初期，墨家创始人墨翟就发明了几种用共鸣器侦探敌情的方法，并在《墨子》一书中记载下来。

　　一种方法是：在城墙根下每隔一定距离挖一深坑，坑里埋置一只容量七八十升的陶瓮，瓮口蒙上皮革，让听觉聪敏的人伏在瓮口听动静。遇有敌人挖地道攻城的响声，不仅可以发觉敌情，而且根据各瓮声音的响度差别，可以识别来敌的方向和位置。

另一种方法是：在同一个深坑里埋设两只蒙上皮革的瓮，两瓮分开一定距离。根据这两只瓮的响度差别，来判别敌人所在的方向。还有一种方法：一只瓮和前两种方法所说的相同，也埋在坑道里，另一只瓮则很大，要大到足以容纳一个人，把大瓮倒置在坑道地面，并让监听的人时刻把自己覆在瓮里听响动。利用同一个人分别谛听这两种瓮的声响情形，来确定来敌的方向和位置。

埋瓮测听就是利用了共鸣的原理。《墨子》一书记载的方法被历代军事家因袭使用。唐代军事理论家李筌、宋代军事家曾公亮、明代儒将茅元仪等，都曾在他们的军事或武器著作中记述了类似的方法。

除了埋瓮外，古代军队中还有一种用皮革制成的枕头，叫作"空胡鹿"，让聪耳战士在行军之夜使用，只要敌军人马活动在15千米外，东西南北皆可侦听到。

从宋代起，人们还发现，去节长竹，直埋于地，耳听竹筒口，则有"嗡嗡"若鼓的声音。当声音在像地面、铁轨、木材等固体中传播时，遇到空穴，在空穴处产生交混回响，使原来在空气中传播的听不见的声音变得可以听见。值得我们注意的是，有一种利用竹筒听地声的方法正是近代医用听诊器的雏形。

至明代，抗倭名将戚继光曾用大瓮覆人来听敌开凿地道的声音。戚继光也曾用埋竹法谨防倭寇偷袭。甚至在现代的一些战争中，不少国家和民族还继续采用这些古老而科学的共鸣器。

我国古代对隔声也有认识和利用。

隔声是指声波在空气中传播时，用各种易吸收能量的物质消耗声波的能量，使声能在传播途径中受到阻挡而不能直接通过的措施，这种措施称为"隔声"。

我国古代有的建筑为了隔音，用陶瓮口朝里砌成墙，每个瓮都起隔音作用。这种隔音技术正是利用了共鸣消耗声能的特性。如明代的方以智曾说：私铸钱者，藏匿于地下室之中，以空瓮垒墙，使瓮口向着室内，声音被瓮吸收。这样，过路人就听不见他们的锯锉之声了。

清代初期，人们用同样的方法，把那种在地下的隔声室搬到地面上，以致"贴邻不闻"他室声。可见，我国人最早创建了隔声室。

拓展阅读

动物界的共鸣现象比较普遍，比如蝉的鸣叫就利用身体的某些部位共鸣。蝉又称"知了"，它是一种会飞的昆虫。只要一进入夏季，蝉就会利用它的共鸣器，使鸣叫声格外响亮。

蝉有雄雌之分，会叫的是雄蝉。雄蝉腹部两侧各有一个大而圆的音盖，下面生有像鼓一般的听囊和发音膜，当发音膜内壁肌肉收缩振动时，蝉就发出声音来。蝉的后部还有气囊的共鸣器，在发音膜振动时就产生共鸣，使蝉鸣格外响亮。

奇妙的古代声学建筑

古代人常常应用声音的一些特性建造一些特殊的建筑物。比如北京天坛中的回音壁、三音石、山西普救寺内的莺莺塔等，以此增加它们肃穆威严气氛。

这些建筑物巧妙利用了声学的一些原理，既有很强的使用价值，也收到了奇妙的艺术效果。表现了我国古代劳动人民的聪明才智。

　　利用声学效应的建筑在我国已发现不少。北京天坛和山西省永济的莺莺塔是迄今保存完好的具有声音效果的建筑。此外，还有四川省潼南县的石琴、河南省郊县的蛤蟆音塔和山西省河津县的镇风塔等。

　　北京天坛是著名的明代建筑。其中皇穹宇建于1530年，原名"泰神殿"，1535年改为今名。天坛的部分建筑具有较高的声学效果，使这一不寻常的"祭天"场所，更增添了神秘的色彩。

　　天坛建筑物中最具声学效应的是：回音壁、三音石和圜丘。

　　回音壁是环护皇穹宇的一道圆形围墙，高约6米，圆半径约32.5米。内有3座建筑，其中之一是圆形的皇穹宇，位于北面正中，它与围墙最接近的地方只有2.5米。回音壁只一个门，正对皇穹宇。

　　整个墙壁都砌得十分整齐、光滑，是一个良好的声音反射体。

　　如有甲、乙两人相距较远，甲贴近围墙，面向墙壁小声讲话，乙靠近墙壁可以听得很清楚，声音就像从乙的附近传来的。只要甲发出的声音与甲点的切线所成的角度大于22度时，声音就要碰到皇穹宇反射到别处去，乙就听不清或听不到。

在皇穹宇台阶下向南铺有一条白石路直通围墙门口。从台阶下向南数第三块白石正当围墙中心，传说在这块白石上拍一下掌，可以听到3响，所以这块位于中心的白石就叫"三音石"。

事实上，情况不完全是这样。在三音石上拍一下掌，可以听到不止3响，而是5响、6响，而且三音石附近也有同样的效应，只是声音模糊一些。

这是因为从三音石发出的声音等距离地传播到围墙，被围墙同时反射回中心，所以听到了回声。回声又传播出去再反射回来，于是听到第二次回声。

如此反复下去，可以听到不止3次回声，直至声能在传播和反射过程中逐渐被墙壁和空气吸收，声强减弱而听不见。

如果拍掌的人在三音石附近，从那里发出的声音，传播到围墙，

不能都反射到拍掌人的耳朵附近来，因此听到的回音就比较模糊。

圜丘是明清两代皇帝祭天的地方。它是一座用青石建筑的3层圆形高台。高台每层周围都有石栏杆。在栏杆正对东、西、南、北方位处铺设有石阶梯。最高层离地面约5米，半径约11.4米。

高台面铺的是非常光滑、反射性能良好的青石，而且圆心处略高于四周，成一微有倾斜的台面。人若站在高台中心说话，自己听到的声音就比平时听到的要响亮得多，并且感到声音好像是从地下传来的。

这是因为人发出的声音碰到栏杆的下半部时，立即反射至倾斜的青石台面，再反射到人耳附近的缘故。

莺莺塔就是山西永济的普救寺舍利塔。因古典文学名著《西厢记》中张生和莺莺的故事发生在普救寺，所以人称莺莺塔。

塔初建于唐代武则天时期，是7层的中空方形砖塔。后毁于明代的1555年大地震。震后8年按原貌修复，并把塔高增到13层50米。

莺莺塔最明显的声学效应是，在距塔身10米内击石拍掌，30米外会听到蛙鸣声；在距塔身15米左右击石拍掌，却听到蛙声从塔底传出；距塔2500米村庄的锣鼓声、歌声，在塔下都能听见；远处村民的说话声，也会被塔聚焦放大。

诸如此类奇特的声学效应，原来是由于塔身的形体造成的：塔体中空，具有谐振腔作用，可以把外来声音放大。塔身外部每一层都有宽大的倒层式塔檐，可以把声音反射回地面，相距稍有差别的13层塔檐的反射声音会聚于30米外的人的耳朵而形成蛙鸣的感觉。

石琴位于重庆市潼南县大佛寺大佛阁右侧的一条上山石道中，由36级石梯组成，像一个巨大的石壁。从下半部的主洞口自下而上的第四级石阶，直至第十九级石阶，每一个阶梯像一根琴弦，若拾级而上，就会发出悠扬婉转，音色颇似古琴的声音。

石蹬发音的声学原理是，脚踏石阶产生强迫振动，在空气中形成声波。其中以两侧岩壁最高处的7级石阶发声最响，脚下响声似琴音，令人神往。古人称为"七步弹琴"，并题"石蹬琴声"4个大字。

蛤蟆音塔在河南省郊县。音塔其貌不扬，却以奇声夺人。在塔的任何一面，距塔10米以外，无论拍掌、击石都可以听到蛙鸣的回声。如春天池塘里有千万只蛤蟆在鼓膜低唱，令人遐想。

分析结论是，蛤蟆塔本身排列有序，而且其塔檐对声音有会聚反射作用，从而产生回音。

镇风塔位于山西省河津县的康家庄，是一座比世界名塔永济莺莺塔回音效果还要好的回音塔。

镇风塔呈平面方形，为密檐式实心塔，共13层，围长18.4米，高约30米，每层檐拱角各悬吊一只小铁钟，风来丁零作响。

塔刹呈葫芦形，顶端有一立式凤凰。站在塔下拍手、跺脚、敲砖、击石，塔的中上部便传出小青蛙、大蛤蟆的不同叫声，还有清脆悦耳的鸟鸣声。如果10多个人一齐拍手，其声犹如群蛙在夏夜池塘边竞相放歌，悦耳动听，妙不可言！

我国古代建筑是利用声学效应的科学宝库，很多声学建筑成就体现了声学与音乐、声学与哲学和声学与建筑、军事等的结合。这也是我国古代物理学发展的根本特点之一。

拓展阅读

潼南石琴为明宣德年间所凿，距今已有500余年。传说石琴下有一暗河，当游人脚踏石阶，石阶之声与暗河水声发生共鸣而产生琴声。

有人认为凿造者了然回音原理之故，然而也没有人作详释。也有认为石琴濒临涪江，滔滔江水发出轰鸣，当游人脚踏石梯，引起共鸣之音，然而这一说法也不可信，因为水声响彻空间，又距石梯尚远，构不成共鸣体，水声和脚履石梯发出的音响互不干扰。潼南石琴为何发出琴声，值得进一步探讨。

古代

　　我国古代对光的认识是和生产、生活实践紧密相连的。它起源于火的获得和光源的利用，以光学器具的发明、制造及应用为前提条件。在光学发展的道路上，我们的祖先在实践过程中学会并总结了大量的光学知识，曾经作出过重大的贡献。

　　古代光学科技，主要体现在对光源的认识和利用、对大气光现象的观测、实验证明小孔成像，以及光学仪器的研制等方面。

　　其中有多项成果具有世界先进水平，既震惊了世界科学界，也给我们留下了深刻的启迪。

对光源的认识与利用

　　光源自宇宙形成就有了，比如会发光的星体就是最早的光源。古人对光源的认识和利用，最初是从人造光源与自然光源，热光源与冷光源等开始的。

　　我国古代对光源的认识起步很早，并能及时充分地加以利用，是古代物理学方面的一项重要成果。

汉代时，少年时的匡衡，非常勤奋好学。

由于家里很穷，所以他白天必须干许多活，挣钱糊口。只有晚上，他才能坐下来安心读书。不过，他又买不起蜡烛，天一黑，就无法看书了。

匡衡心痛这浪费的时间，内心非常痛苦。

他的邻居家里很富有，一到晚上好几间屋子都点起蜡

烛，把屋子照得通亮。匡衡有一天鼓起勇气，对邻居说："我晚上想读书，可买不起蜡烛，能否借用你们家的一寸之地呢？"

邻居一向瞧不起比他们家穷的人，就恶毒地挖苦说："既然穷得买不起蜡烛，还读什么书呢!"

匡衡听后非常气愤，不过他更下定决心，一定要把书读好。

匡衡回到家中，悄悄地在墙上凿了个小洞，邻居家的烛光就从这洞中透过来了。他借着这微弱的光线，如饥似渴地读起书来，渐渐地把家中的书全都读完了。

匡衡读完这些书，深感自己所掌握的知识是远远不够的，他想继续看多一些书的愿望更加迫切了。

附近有个大户人家，有很多藏书。

一天，匡衡卷着铺盖出现在大户人家门前。他对主人说："请您收留我，我给您家里白干活不要报酬。只是让我阅读您家的全部书籍

就可以了。"

主人被他的精神所感动，答应了他借书的要求。

匡衡就是这样勤奋学习的，后来他做了汉元帝的丞相，成为西汉时期有名的学者。

这个著名的"凿壁偷光"故事，体现了我国古代劳动人民利用热光源的聪明和才智。

光源是光学研究的基本条件，我国古代对热光源与冷光源，自然光源与人造光源等方面都有一些值得称道的知识。

人造光源是随着人类的文明、科学技术的发展而逐渐制造出来的光源，按先后出现顺序分别有了：火把、油灯、蜡烛和电灯等。

作为自然光源，当然是以太阳为最重要，在夜晚还有月亮。我国古代在甲骨文中表示明亮的"明"字，就是日、月形象的组合。太阳实际上就是一团火。古人十分明确地指出："日，火也。"

月亮也只是太阳光线的反射，《周髀算经》说道："日兆月，月光乃生，故成明月。"所以在甲骨文字里干脆把"光"字写作像是一个人举着一把火的样子。

取火方法的发明，使人们比较自由地获得人造光源，那当然都是热光源。

在冷光源方面，不管对于二次发光的荧光还是低温氧化的磷光，我国古代都有不同程度的认识。

西汉时期的《淮南子》最早记载了栌木发光这件事。栌木含有某种化学物质，能发荧光。其水浸液在薄层层板上确实可以见到紫色、浅黄色等荧光。

《淮南子》的记载可以说是迄今所知对荧光现象的最早记载。此外，《礼记·月令》中也记载过腐败的草发荧光的事实。

对于磷光，《淮南子·氾论训》说道："久血为磷。"高诱注认为，血在地上"暴露百日则为磷，遥望炯炯若燃也"。东汉时期著名的思想家、文学理论家王充的无神论著作《论衡》也指出："人之兵死也，世言其血为磷。"

这些看法是正确的。因为人体的骨、肉、血和其他细胞中含有丰富的磷化合物，尤以骨头中的含量为最高。在一定条件下，人体腐烂后体内的磷化合物分解还原成液态磷化氢，遇氧就能自燃发光。

西晋时期文学家张华所著《博

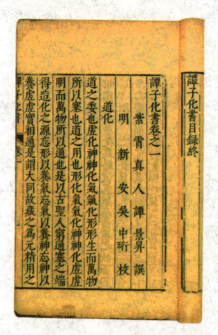

物志》一书对于磷光的描写，尤其细微具体。作者已经不再把磷火说成"神灯鬼火"，而能够细微地观察它，明确指出它是磷的作用。这不能不说是一种有价值的见解。

北宋时期大科学家沈括《梦溪笔谈》也记载了一件冷光现象。记述了化学发冷光与生物化学发冷光两种自然现象。前者是磷化氢液体在空气中自燃而发光；后者咸鸭卵发光是由于其中的荧光素在荧光酶的催化作用下与氧化合而发光，而其中的三磷腺苷能使氧化的荧光素还原，荧光素再次氧化时又发光。

明代诗人陆容《菽园杂记》也记载了荧光与几种磷光的现象，并指出了磷光与荧光都是不发火焰的，因此可以归为一类。

清代科学家郑复光对此有一段很精彩的话："光热者为阳，光寒者为阴。阳火不烦言说矣。阴火则磷也、萤也、海水也，有火之光，无火之暖。"认识又进了一步。

我国古代对于冷光光源的应用，首先是照明。早在西汉时期的《淮南万毕术》中就有"萤火却马"的记载，据这段文字的"注释"说，那时的做法也就是"取萤火裹以羊皮"。

五代时期道教学者谭峭的《化书》中曾言："古人以囊萤为灯"。大约在那个时候专门制备有一种贮藏萤火虫的透明灯笼。

沈括《清夜录》记载这种称为"聚萤囊"的灯笼"有火之用，无火之热"，是一种很好的照明装置。至明清时期，人们把这种冷光源浸入水下以为诱捕鱼类之用。

明代的《七修类稿》记载："每见渔人贮萤火于猪胞，缚其窍而置之网间……夜以取鱼，必多得也。"

清代的《古今秘苑》中记载："夏日取柔软如纸的羊尿脬，吹胀，入萤火虫百余枚，及缚脬口，系于罾之网底，群鱼不拘大小，各奔光区，聚而不动，捕之必多。"

特别令人感兴趣的是，古代曾利用含有磷光或荧光物质的颜料作画，使画面在白昼与黑夜显出不同的图景。

宋代的和尚文莹在《湘山野录》一书记载过这样一幅画牛图：白昼那牛在栏外吃草，黑夜牛却在栏内躺卧。皇帝把这幅奇画挂在宫苑中，大臣们都不能解释这个奇妙的现象，只有和尚赞宁知道它的来历。

赞宁解释说，这是用两种颜料画成功的，一种是含磷光物质的颜料，用它来画栏内的牛；另一种则是含荧光物质的颜料，用它来画栏外的牛，则显出了前述那种效果。这可说是熔光学、化学、艺术于一炉，堪称巧思绝世。

据有关记载，这种技巧的发明至迟在六朝时期，或许可上溯至西汉时期，其渊源也许来自国外，至宋代初期几乎失传，经赞宁和尚指

明，才又引起人们的惊异与注意，其术遂得重光，流传下来。

后世有不少典籍记载这段故事，有的还有进一步的发展。例如南宋时期的《清波杂志》曾记述这样一件事：

画家义元晖，十分精于临摹，有一次从某人处借来一幅画，元晖临了一幅还给藏主，把原件留了下来。

过了几天，藏主来讨还真迹。元晖问他是如何辨认出来的。

那人说，原件牛的眼睛中有一个牧童的影子，此件却没有。

看来，这牛目中的牧童影也是利用掺有磷光物质的颜料画成的，所以一到暗处就显出来了。

这种技巧后来只在少数画家中私相传授，做成的画叫作"术画"。在国外，英国的约翰·坎顿才使用这种技艺，这比起我国要晚1200多年。

拓展阅读

东晋时期人车胤，年幼时好学不倦，勤奋刻苦。但由于家境贫寒，常常没钱买油灯，书也读不成了。他为此十分苦恼。

在一个夏夜，车胤坐在院子里回忆读过的书上的内容，忽然发现许多萤火虫一闪一闪地在空中飞舞，忽然心中一动。他马上开始捉萤火虫，捉了10多只，把它们装在白纱布缝制的口袋里，挂在案头。从此，他每天借荧光苦读，学识与日俱增。

这就是《三字经》上"如囊萤"的故事。这也是古人利用光的一个很好的史料。

对大气光现象的观测

对于大气光现象的观测，是我国古代光学最有成就的领域之一，有任务明确、组织严密的官方观测机构，积累了太阳的10种不同光气等大量天象资料。

古代对视差与蒙气差、虹、海市蜃楼等太阳的光气现象多有研究，其中不乏有价值的光学史资料。

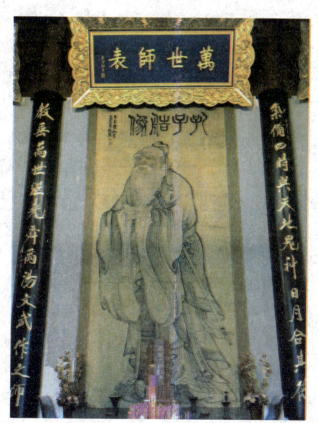

孔子到东方游学，途中遇见两个小孩在争辩，便问他们争辩的原因。

其中一个小孩说："我认为太阳刚升起来时离人近，而到中午时离人远。"

另一个小孩则认为："太阳刚升起时离人远，而到中午时离人近。"

一个小孩说："太阳刚升起时大得像一个车盖，到了中午时小得像一个盘盂，这不是远小近大的道理吗？"

另一个小孩说："太阳刚出来时清凉而略带寒意，到了中午时就像把手伸进热水里一样热，这不是近热远凉的道理吗？"

孔子听了两个小孩的话，一时也不能判定他们谁对谁错。

著名的"两小儿辩日"的故事，是战国时期列御寇所作《列子》中的一篇文章。此书多取材于周秦时期的事实，所以我们可以相信这个故事发生在2000多年之前。

其实，"两小儿"提出了一个复杂的光学问题，它涉及光的折射、吸收、消光、视差以及一些生理上、心理上的问题。

对于"小儿辩日"问题，从西汉时期开始就有人进行研究，很多人都发表过意见。其中说得最全面的大概算是晋代的文献学家束皙，他很明确地提出：视距离的变化与视像变化，都是由于"人目之惑"，"物有惑心"与"形有乱目"。

应当说，这不但已经相当圆满地解决了"小儿辩日"的问题，而且在大气光学中有一定的普遍意义，可以说是我国古代光学上的一项成就。

对于这个问题，后来也还有不少议论，其中后秦精通天文术数的姜岌又有新的创见，他用"地有游气以厌日光"去解释晨昏的太阳色红，中午的太阳色白。这实质上是一种大气吸收与消光现象。

后来还有人提出"浊氛"、"烟气"、"尘氛"等词，都是指空气中悬浮着的水气、尘埃等微粒所构成的一种雾霾，认为这些是太阳颜色变红的原因。

除了对视差的研究，古人对虹格外关注。我国在殷代甲骨文里就把"虹"字形象地写成了弯弯的杠的样子。在周代的上半期，我国劳动人民已经有了这样一条经验：早晨太阳升起时，如西方出现了彩虹，天就要下雨了。

《诗经·蝃蝀》记载："蝃蝀在东，莫之敢指。""朝隮于西，崇朝其雨。"意思是说，一条彩虹出东方，没人胆敢将它指。朝虹出现在西方，整个早晨都是蒙蒙雨。

战国时期的《楚辞》，记载虹的颜色为"五色"。东汉文学家蔡邕在《月令章句》一书中，也说到虹的生成条件及其位置规律。

他说：虹是生成于和太阳相对方向的云气之中，没有云就不会见到虹，但阴沉天气也不会形成虹。这些说法，尽管是十分表面的，但基本上是正确的。

先秦时期，还有人企图以当时的阴阳哲学理论去解释虹的生成。

《庄子》说道："阳炙阴为虹。"在阴阳理论里，太阳属阳，水属阴，把阳光照射水滴，说是"阳炙阴"，是能够自圆其说的。当然，这并没有说到色散的本质上来。不过也可以看到，古人对待科学问题具有独特的思想方法。

至唐代，人们对于虹的认识就大大前进了一步。当时已经知道虹是太阳光照射雨滴而生成的。

唐代学者孔颖达写的《礼记注疏》中，在《月令》"虹始见"条

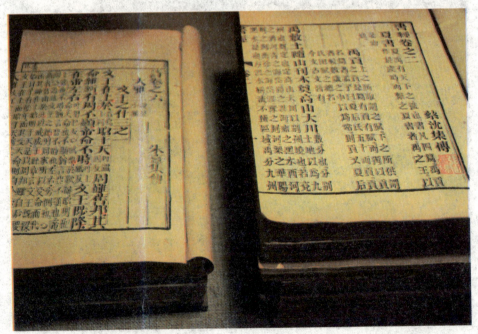

目下就记载："若云薄漏日，日照雨滴则虹生。"这里已粗略地揭示出虹的成因。

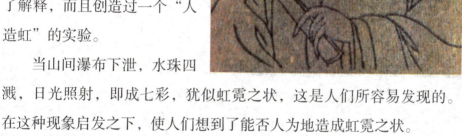

孔颖达的说法跟现代严密而完整的解释相比，尚有较大的距离。但在1300多年前就能提出这样的解释，实在是足以自豪的。

还应特别提到的是，我们祖先非但最早对虹的成因做出了解释，而且创造过一个"人造虹"的实验。

当山间瀑布下泄，水珠四溅，日光照射，即成七彩，犹似虹霓之状，这是人们所容易发现的。在这种现象启发之下，使人们想到了能否人为地造成虹霓之状。

唐代著名道士、词人和诗人张志和写的《玄真子》一书中记载："背日喷乎水成虹霓之状。"意思是说，背着太阳向空中喷水，就可以看到虹霓现象。

这个实验确实是很有意义的。这是人们有意识进行的一次白光色散实验，它直接模拟了虹霓现象，不但可以验证关于虹的成因的解释，而且给了历史上关于虹的种种迷信邪说以毁灭性打击。

除了虹霓以外，古人还注意到许多色散现象，在唐宋时期前后不断被发现并记载下来。这不但丰富了人们对色散的认识，而且有助于对虹霓成因的解释。

人们深入观察了单独一个水滴的色散现象。南宋时期学者程大昌在《演繁露》一书中记载着一个很有趣的现象：

当雨过天晴或露水未干的时候，沾于树枝草木之端的水滴，由于表面张力的作用，总是结为亮晶晶的圆珠之状。

仔细观察其中一个小水珠，在日光照射之下，可以显出五颜六色，这就是白光经过水珠折射反射之后的色散现象。

程大昌能够仔细地深入观察这种现象，是很难得的。更重要的是，他从中得出的结论是很科学的。他说这种颜色，不是水珠本身所有，而是"日之光品着色于水"。这就指出了太阳光之中包含有数种色光，经过水珠的作用可以显出五色来。这可以说接触到了色散的本质问题。

应当指出，搞清楚单个水滴的色散现象，为解释水滴映日成虹现象提供了更扎实的基础，其意义显然是很大的。

从南北朝时期开始，就发现了某些结晶体的色散现象。梁元帝萧绎撰写的《金楼子》里记载着一种叫君王盐或玉华盐的透明自然晶体，"及其映日，光似琥珀"。"琥珀"颜色呈红、黄、褐色，就是说白光通过晶体折射后呈现出几种色光来。这是关于晶体色散的最早记录。

明代科学家方以智在《物理小识》里，对这些知识作了总结性记载。他不但全面罗列了各种各样的色散现象，包括自然晶体的色散，人造透明体的色散，水滴群的色散；更重要的是能够指出虹霓现象和日月晕、云彩等现象是相同的道理，都是白光的色散。

明代中期以后，朝廷对于色散的研究，又是一番情况。西方近代科学家渐渐输入，比如意大利传教士利玛窦来华，就带有棱镜片，并做过色散表演。

我国最早正确介绍近代色散知识的人，是清代翻译家张福僖翻译的《光论》。

这本书对于棱镜的分光、折光、光的合成和色盘等均有所阐述，并以白光在水滴中的折射、反射发生色散的道理，去解释虹的成因，书中又以虹为实例来证明白光可分为七色。这样，使得人们的色散知识更加完整了。

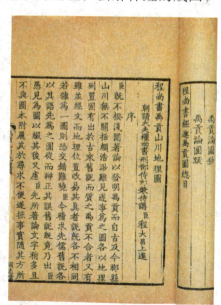

从上面简单的介绍可以看到，我国古代对于虹的色散本质有相当深刻的认识，对于色散的现象有很多发现。

古人还注意到海市蜃楼的现象。海市蜃楼，也称"蜃景"，是光线经过上下差异很大的空气层，发生显著折射与全反射时，把远处景物显示在空中或地面的奇异幻景，它常发生在海边与沙漠。

古代对于海边的蜃景记载较多也较早，在汉晋时期的书上，把它说成是蛟龙吐气的结果，即所谓"蜃气"。

北宋时期文学家苏轼指出，海市蜃楼都只是一种幻景。沈括也对山东登州经常出现的海市蜃楼进行了忠实记录，但不曾解释成因。

明代政治家陈霆在《两山漫谈》中探讨了这个问题，他说："城郭人马之状，疑塘水浩漫时，为阳焰与地气蒸郁，偶尔变幻。"这个见解是很有价值的。

在这些基础上，清代的学者用"气映"来说明蜃景的原理：水面既能反射成像，上升的气的界面也可以像镜子那样反射成像，以此说明蜃景的生成，是明确的。

拓展阅读

清代小说家蒲松龄的《山市》描述了蜃楼景象。

有一天，两个人在楼上喝酒，忽见山头有一座孤零零的宝塔耸起，直插青天。两人你看看我，我看看你，又惊奇又疑惑。

没多久，又出现了几十座宫殿、高高低低的城墙、城中的楼阁建筑等。其中有一座高楼，直接云霄，每层有5间房，窗户都敞开着，都有5处明亮的地方，那是楼外的天空。

有早起赶路的人，看到山上有人家、集市和店铺，跟尘世上的情形没有什么区别，所以人们又管它叫"鬼市"。

绝无仅有的成像实验

小孔成像是用一个带有小孔的板遮挡在屏幕与烛之间，屏幕上就会形成烛的倒像的现象。如果前后移动中间的板，像的大小也会随之发生变化。古代人民从大量的观察事实中认识到光是沿直线传播的，并通过小孔成像实验证明了光这一性质。这在世界上是绝无仅有的。

小孔成像在我国研究历史久远，前后沿续近2000年，最早涉及该现象的当属先秦时期的墨家，墨家以研究自然现象著称，在其代表作《墨经》中就记述了小孔成像的现象。

在战国末期的诸侯国韩国，有一个人请了一位画匠为他画一张画。画匠告诉他，这幅画需要很长时间，因此让他回家耐心等候。

3年后的一天，画匠终于告诉他，他要的画现在画成了。

这个人来到画匠家一看，只见8尺长的木板上只涂了一层漆，什么画也没有。于是，他非常气愤，认为画匠欺骗了他。

画匠说："请不要生气，看这幅画需要一座房子，房子要有一堵高大的墙，再在这堵墙对面的墙上开一扇大窗户，然后把木板放在窗上。每天早晨太阳一出来，你就会在对面的墙上看到这幅图画了。"

这个人半信半疑，照画匠的吩咐修了一座房子。果然，在屋子的墙壁上出现了亭台楼阁和往来车马的图像，好像一幅绚丽多彩的风景画。

尤其奇怪的是，画上的人和车还在动，不过都是倒着的！这个人端详着这幅画，一时间，不知是喜还是忧。

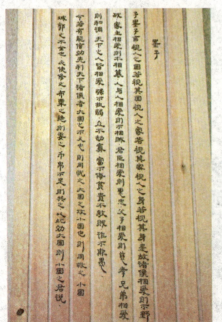

其实，对于倒像现象，此前的墨翟已经通过成像实验，并对之作出了合理的解释。

墨翟是春秋末战国初期著名的思想家、教育家、科学家、军事家，也是墨家学派的创始人。后来其弟子收集其语录，完成《墨子》一书传世。其中就有关于倒像的记述。

墨家的小孔成倒像实验非常有趣：在一间黑暗的小屋朝阳的墙上开一个小孔，人对着小孔站在屋外，屋里相对的墙上就出现了一个倒立的人影。为什么会有这奇怪的现象呢？

墨家解释说，光穿过小孔如射箭一样，是直线行进的，人的头部遮住了上面的光，成影在下边，人的足部遮住了下面的光，成影在上边，就形成了倒立的影。

墨家还利用光的这一特性，解释了物和影的关系。飞翔着的鸟儿，它的影也仿佛在飞动着。对此，墨家分析了光、鸟、影的关系，揭开了影子自身并不直接参加运动的秘密。

墨家指出，鸟影是由于直线行进的光线照在鸟身上被鸟遮住而形成的。当鸟在飞动中，前一瞬间光被遮住出现影子的地方，后一瞬间就被光所照射，影子便消失了；新出现的影子是后一瞬间光被遮住而形成的，已经不是前一瞬间的影子。

对于小孔成像现象，元代天文数学家赵友钦经过精心思索和研究，他设计了一个比较完备的实验程序。

首先在楼下两间房子地板中各挖两个直径4尺多的圆井，右边井深4尺，左边深8尺，在左井里放置一张4尺高的桌子，这样两井的深度就相同。然后做两块直径4尺的圆板，板上各密插1000多支蜡烛，点燃后，一块放在右井井底，一块放在左井桌上。

接着在井口各盖直径5尺，中心开小方孔的圆板，左板的方孔宽1寸左右，右板的方孔宽半寸左右。这时，就可以看到楼板上出现的都

是圆像，只是孔大的比较亮，孔小的比较暗。

赵友钦用光的直线传播的道理，说明了东边的蜡烛成像于西，西边的成像于东，南边的成像于北，北边的成像于南。由于1000多支烛是密集成圆形的，所成的像也相互连接成为圆像。

在光源、小孔、像屏距离不变的情况下，所成的像形状不变，只有照度上的差别：孔大的"所容之光较多"，因而比较亮；孔小的"所容之光较少"，因而比较暗。

如果把右井里东边的蜡烛熄灭500支，那右边房间楼板上的像西边缺半，相当于日月食的时候影和日、月食分相等一样。

如果在左边中蜡烛疏密相间，只燃点二三十支，那像虽是圆形分布，但是各是一些不相连接的暗淡方像。如果只燃一支烛，方孔对于烛光源来说不是相当小，因而出现的是方孔的像；把所有的烛重新点着，左边的像就恢复圆形。

在实验中，赵友钦又在楼板上平行于地面吊两块大板作为像屏，这时像屏距孔近，看到的像变小而明亮。接着去掉两块吊板，仍以楼板作为像屏、撤去左井里的桌子，把蜡烛放到井底，这时左井的光源离方孔远，左边的楼板上出现的像变小，而且由于烛光弱，距离增加后亮度也变弱。

从这些实验结果，赵友钦归纳得出了小孔成像的规律，指出了光源的远近、强弱和小孔、像屏的远近之间的关系：

像屏近孔的时候像小，远孔的时候像大；烛距孔远的时候像小，近孔的时候像大；像小就亮，像大就暗；烛虽近孔，但是光弱，像也就暗；烛虽远孔，但是光强，像也就亮。

实验的最后一步是撤去覆盖井面的两块板，另在楼板下各悬直径一尺多的圆板，右板开4寸的方孔，左板开各边长5寸的三角形孔，调节板的高低，就是改变光源、孔、像屏之间的距离。

这时，仰视楼板上的像，左边是三角形，右边是方形。这说明孔大的时候所成的像和孔的形状相同：孔距屏近，像小而明亮；孔距屏远，像大而暗淡。

赵友钦从实验中得出了小孔的像和光源的形状相同、大孔的像和孔的形状相同的结论，并指出这个结论是"断乎无可疑者"。用如此严谨的实验，来证明光的直线传播，阐明小孔成像的原理，这在当时世界上是绝无仅有的，充分表现了我国古代劳动人民的智慧。

拓展阅读

春秋时期的墨子关于物理学的研究涉及力学、光学、声学等分支，给出了不少物理学概念的定义，并有不少重大的发现，总结出了一些重要的物理学定理。

比如，墨子给出了力的定义，给出了"动"与"止"的定义。在光学史上，墨子是第一个进行小孔成像光学实验的科学家，并对平面镜、凹面镜、凸面镜等进行了相当系统的研究，得出了几何光学的一系列基本原理。此外，墨子还对杠杆、斜面、重心、滚动摩擦等力学问题进行了一系列的研究。

对光学仪器的研制

　　凡是利用光学原理进行观察或测量的装置，叫作"光学仪器"。我国古代劳动人民根据平面镜、球面镜及透镜具有的奇特现象制作了大量光学仪器。

　　我国古代曾经制造了世界上最早的光学仪器铜镜和潜望镜。随着对凸面镜和凹面镜的认识，后来又进行了眼镜、望远镜、显微镜、探照灯等光学仪器的研制。

唐开元年间中秋之夜，唐明皇李隆基邀请申天师及方士罗公一同赏月。3个人赏月把酒言欢之际，唐明皇心悦，想到月宫游历一番。

于是，申天师作法，方士罗公远掷手杖于月空，化作一座银桥，桥的那边一座城阙，横匾上书：广寒清虚之府。

罗公远对唐明皇言道："此乃月宫是也！"

唐明皇踏银桥升入月宫，见仙女婀娜多姿，翩翩起舞与广庭之上，看得皇上如痴如醉。他原本精熟乐律，闻听仙乐优美，便默记曲调，决定在他的皇宫奏出此曲。

回到人间后，唐明皇即令主管宫廷乐舞的官员依此整理出一首优美动听，仿佛天外之音的曲子，配上宫廷舞女的舞姿，即为著名的《霓裳羽衣曲》。

唐王游月宫的传说成为了流传千古的佳话，月宫也因此有"广寒宫"之称。辽代时期铸有"唐王游月宫镜"，以纪此事。此镜直径21.8厘米，厚0.75厘米，重达1460克，纹饰采用高浮雕和线雕相结合。

铜镜镜体犹如一轮满月，高低起伏的纹饰之间仿佛映现月中寒宫；月宫的楼阁时隐时现，摇曳的桂树在月影中晃动着枝头；捣药的玉兔分外高兴，迎客的金蟾舒展着身躯；随风的流云，弯曲的月桥，桥下水潭中现身的神龙跃跃欲试；驾云而来的唐王。好一派天上仙境，人间胜景，让人不能不感叹古人的智慧和独具匠心的铸造工艺。

其实，我国在3000年前就制造和使用铜镜，并且很早就对光的反射有深刻的认识。

我国古代造镜技术非常发达，并且对各种镜子成像原理有深入的研究。早在先秦时期，我国就已经使用铜镜，至今仍被人们看作世界文明史上的珍品。

除了铜镜外，古人还利用平面镜反射原理，制成了世界上最早的潜望镜。西汉时期淮南王刘安《淮南万毕术》一书中，有"取大镜高悬，置水盆于下，则见四邻矣"的记载。这个装置虽然粗糙，但是意义深远，近代所使用的潜望镜就是根据这个道理制造的。

在利用平面镜的同时，人们又发现了球面镜的奇特现象。球面镜有凹面镜和凸面镜两种。

认识凹面镜的聚焦特性，利用凹面镜向日取火，在我国有悠久的历史。在古代，我国把凹面镜叫作"阳燧"，意思就是利用太阳光来取火的工具，这是太阳能的最初利用。

早在春秋战国时期，墨翟和他的学生就对凹面镜进行了深入研究，并且把他们的研究成果，记载在《墨经》一书中。

他们通过实验发现，当物体放在球心之内时，

得到的是正立的像，距球心近的像大，距球心远的像小。当时墨家已经明确地区分焦点和球心，把焦点称作"中燧"。

墨家对凸面镜也进行了研究，认识到物体不管是在凸面镜的什么地方，都只有一个正立的像。

宋代科学家沈括在《梦溪笔谈》中总结古代铸镜的技术说：如果镜大，就把镜面做成平面；如果镜小，就把镜面做成微凸，这样镜面虽然小，也能照全人的脸。

沈括还在前人研究的基础上，正确地表述了凹镜成像的原理。他指出：用手指放在凹面镜前成像，随着手指和镜面的距离远近移动，像就发生变化。

沈括用这个事例说明了凹面镜成像和焦点的关系。当手指迫近镜面的时候，得到的是正立的像；渐远就看不见像，这就是因为手指在焦点处不成像；超过了焦点，像就变成倒像。他指出四镜"聚光为一点"，他把这点叫做"碍"，就是近代光学上所谓的"焦点"。

由于我国古代没有应用玻璃，对于透镜的知识比较差。但是具有聪明才智的我国古代人民，通过特殊的方法，还是认识到凸透镜的聚焦现象。

晋代的科学家张华著的《博物志》一书中说："削冰令圆，举以向日，以艾承其影，则得火。"这可以说是巧夺天工的发明创造。

冰遇热会融化，但是古人把它制成凸透镜，利用聚焦，来取得火。这看起来是不可思议的，但是事实上是可能的。

从这里可以看出，当时对凸透镜的聚焦已经有充分的认识。

古人不仅认识到了凹面镜和凸面镜的特点，还利用这一原理制造了望远镜等光学仪器。

望远镜在明清时期称为"远镜"、"千里镜"、"窥远镜"、"窥天镜"等。1631年，科学家薄珏创造性地把望远镜装置在自制的铜炮上。这一创举是很有意义的。后来，望远镜也被配置在天文观测与大地测量仪器上。明代历法家李天经领导的编订历法的"历局"也制造过望远镜。

明代末期光学仪器制造家孙云球最早研制成功望远镜。他曾经和一位近视朋友文康裔同登苏州郊外的虎丘山，使用自制的"存目镜"清楚地看到城内的楼台塔院，就连较远的天平、灵岩、穹窿等山也历历如在目前。

孙云球的"存目镜"据说能"百倍光明，无微不瞩"，大概就是放大镜。他还发明一种"察微镜"。

清代科学家郑复光在其所著的《镜镜詅痴》中对望远镜的种类、结构、原理、用法与保养，介绍得十分详细，而且切于实际，后人给予很高的评价。书中介绍过一种"通光显微镜"，基本上也还是放大镜，只是配上平面反射镜，能够减轻目力负担。

郑复光《镜镜詅痴》专门介绍过"取景镜"，不但有旧式的与改进式的，而且对于它的原理构造以及优缺点一一作出说明并附有装置图。这个取景器是在毛玻璃或在透明玻璃上铺上白纸摄取景物的实像。

大概在1844年至1867年之间，科学家邹伯奇在《镜镜詅痴》所介绍的取景器的基础上，去掉反射平面镜，加上照相感光片和快门、光圈等部件，制成了照相机。这在当时还是十分新奇的技术。

邹伯奇还摸索配制感光材料，又取得了很好的结果。他用自己研制的全套设备材料拍摄了不少照片，这些照片成为我国目前见到的最早的摄影作品之一。

其中一张现存于广州市博物馆，虽历时百余年仍然形象清晰，表明了邹伯奇研制的全套照相设备材料具有很高的质量。

据史籍记载，探照灯在我国明代末期，是将烛焰放在凹面镜附近的焦点上，烛焰所发出的光经凹面镜反射后，照到壁上，犹如月光照到壁上一般。

明代末期青年发明家黄履庄也制造出"瑞光镜"，最大的直径达五六尺。据说"光射数里"，"冬月人坐光中，遍体生温，如在太阳之下"。其射程和辐射热量有些夸张渲染。

由于当时只有蜡烛之类的光源，凹面镜的口径大，它所能容纳的光源也就大，这就使得人们可以提高光源强度，这样经过反射形成平行光以后，照在身上就有"遍体生温"的感觉，亮度也大大增加了。

明清时期我国民间研制的光学仪器还很多，例如万花筒、映画器、西湖景等，这些东西的研制也已经受到西方知识的启发。

从上面的介绍可以看出，光学仪器制造是我国古代物理学中的显著成就之一，表明我们祖先对人类科学的贡献。

拓展阅读

清代初期物理学家黄履庄不仅在光学仪器制造方面有很多贡献，还发明了世界上第一辆自行车。

据《清朝野史大观》记载："黄履庄所制双轮小车一辆，长三尺余，可坐一人，不需要推挽，能自行。行时，以手挽轴旁曲拐，则复行如初，随住随挽，日足行八十里。"

由此可见，他制造的自行车，前后各有一个轮子，骑车人手摇轴旁曲拐，车就能前进，这是史料最早记载的自行车。而发明自行车也是康乾盛世的扬州在科技创新方面领先国内外水平的一个重要标志。

古代电磁

　　这里的电磁不是作为物理概念的电磁学，而是指我国古人研究和记载的电现象和磁现象。我国古代对电的研究是从关注雷电现象开始的，而且在避雷技术上有许多创建。

　　同时，古代先民还将电现象与磁现象联系在一起，通过对地光和极光等的记载，为今人留下了丰富而有价值的史料。

　　磁石显而易见的特性就是它的吸铁性。古人利用磁石的这个特性，进而掌握了人工磁化技术，发明了指南针，开世界磁性导航之先河，为人类古代文明作出了巨大的贡献。

对雷电现象的认识

　　大自然中的雷电现象，早就引起了我国先民们的关注和研究，并被记载下来，从而大大地丰富了人们对电的认识，并对后世产生了深远影响。

　　我国古代对电现象的认识，是从雷电现象开始的。随后，在建筑物上设置了许多避雷装置，既有传统建筑的艺术魅力，也是电学领域的一个创举。

雷公和电母是神话传说中的一对天神。他们两人司掌天庭雷电。传说雷公视力差，难辨黑白；夫人电母寸步不离，捧着镜子，先行探照，明辨是非善恶后，雷公才行雷。

电母和雷公成了天生的一对。雷公面目狰狞，电母相貌端雅。雷公手持槌楔，电母手持双镜。他们一旦做法，就乌云密布，狂风大作，飞沙走石。

雷公投下一个大响雷，就会"轰隆"一声震耳巨响，恶人便身首异处。

传说雷公住在雷泽，他龙首人身，有一个硕大无比的肚子，他常常拍自己的肚子来娱乐。每拍一下，就会发出"轰轰"的雷声。

雷神因为自己肚子的特别之处被黄帝看中了，于是就被抓来做成一面大鼓。但没有了雷神也不行，黄帝就找了雷神的一个亲戚来充当他的角色。

这个新雷神皮肤的颜色好像朱砂，眼光灼灼如闪电，身上的毛和角有3尺长，形状好像一只猕猴。于是在后来的传说中，雷公最突出的特征就是猴脸和尖嘴，俗称"雷公脸"。

在这个神话中，一方面体现了古人对自然现象最原始的认识；另一方面表达了人们惩恶扬善的愿望。而我国古代学者对于电的认识，恰恰就是从雷电现象开始的。

我国古代对雷电的认识由来已久。远在殷商时期的甲骨文卜辞

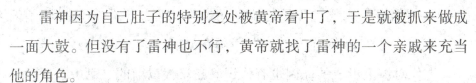

中，就已经出现了"雷"字。

"雷"字最上面一横表示天，最长的一竖表示雨，里面的小点也是雨；下面的"田"字表示田野，由于当时实行的是"井田制"，所以写成了"田"。

而整个"雷"字则表示下雨时，在田野上空发出的雷声。

在西周时期的青铜器上，也已经出现了"电"字，繁体"电"字的上面是个"雨"字，下面是个"电"字。整个"电"字不但表示了人们在田野上空所见到的强烈闪光的形状，而且还表示了只有在下雨时才能够看到这种闪光。

虽然这里的"电"字是专指闪电，但是它已经向我们传递了这样一个科技信息：古代的先民们不但用文字的形式，形象地描画了闪电，而且还明确表示了它的出现与下雨有关。

古代对雷电形成的原因也有认识。在汉代以前的书籍中，就已对许多发生过的雷电现象进行了记载，并对其形成的原因及其本质进行了探讨，先后提出过多种不同的解释。

东汉时期的王充在《论衡·雷虚篇》中也用类似的观点来解释雷电的成因。他明确指出：

夏天阳气占支配地位，阴气与它相争，于是便发生碰撞、摩擦、爆炸和激射，从而形成雷电。

王充还用具体的实例来说明雷电就是火，驳斥了当时盛行的雷电为"天公发怒"之说。特别是他能把对各种物质现象的观察联系起来思考，并作出概括，反驳谬论，反映了一个无神论者的思考和判断。

唐代以后，人们关于雷电现象的成因又有了新的认识。唐代的孔颖达在《左传·疏》中说："电是雷光"。

对于雷电的巨大威力，宋代理学家朱熹的解释更有趣，他说雷电是"阴阳之气，闭结之极，忽然迸散出"。用现在的物理语言表示，这就是说当阴阳二气的能量积累达到一定的极限值时，这些能量便会在极短的时间内爆发，于是就见到了闪电，听到了雷声。

元末明初思想家刘伯温在其著作《刘文正公集》中说道："雷何物也？曰雷者，天气之郁而激发也，阴气团于阳，必迫，迫极而迸，迸而声为雷，光为电。"这段话基本上是对前人关于雷电成因所作出的一系列解释的归纳性总结。

对雷击过程中出现的一些现象，我国古代的学者们也曾做过详细的记载，并提出了他们通过仔细观察后所得出的分析结果。

从南北朝中期开始，直至明末清初，这方面的记载屡见不鲜。例如490年编撰的《南齐书·五行志》中就有记载："雷震会稽山阴恒山保林寺，刹上四破，电火烧塔下佛面，而窗户不弄也。"

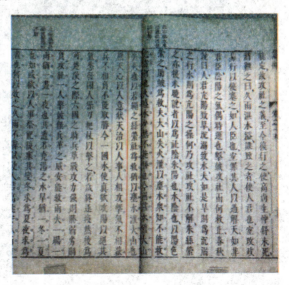

用今天的电学知识来

分析，落雷时，云层与地面之间放电，佛面一般涂有金粉，是一层导体，强大电流通过时将产生高温使其发热以致熔化。

木制的窗户其绝缘性能一般都比较好，尤其是刷过油漆的窗户，如不遭受雨淋，一般不会遭受雷击而能保持原样。

北宋时期科学家沈括对上述类似现象的记载更为详细，他在《梦溪笔谈·神奇》中，记述了内侍李舜举家的房屋在遭受暴雷雷击以后，房屋各处都保持原样，只有墙壁和窗纸都变黑了，屋内木架上放置的各种器皿，其中有镶银的漆器，银全部熔化流在地面上，而漆器却没有被烧焦。

有一把质地很坚硬的钢刀，在刀鞘中熔为钢水，但刀鞘却保持原样。于是沈括就用佛家的"龙火"与"人火"来解释这一奇特现象。

这里所谓的"龙火"实指雷火，意思是说雷火因为有水而更"炽"。沈括通过雷电对金石和草木作用的不同效果，实际上已经描

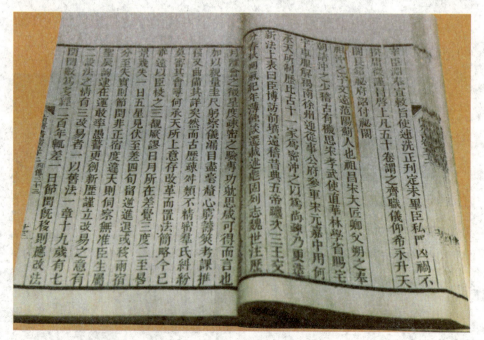

述了导体与绝缘体之间的区别。

明代也有此类记载。明代末期科学家方以智根据这些记载，得出了这样的结论："雷火所及，金石销熔，而漆器不坏。"这比前人讲得就更加明确了。

尖端放电也是一种常见的电现象。古代兵器多为长矛、剑、戟，而矛、戟锋刃尖利，常常可导致尖端放电发生，因而这一现象多有记述。

早在汉代，人们就已经开始对尖端放电现象进行观察记录了。《汉书·西域传》记载，金属制成的长矛尖端，在一定条件下有放电现象。

这个记载至少证明：我国至迟在东代，就已经观察到雷雨过程中的尖端放电现象，这比西方要早1600多年。

我国早在战国时期就可能知道雷击是可以避免的，根据古代文献记载，其时已经出现了用大青石建造的"避雷室"。

南北朝时期刘宋朝的盛弘之在《荆州记》中对此作过描述："湖阳县，春秋蓼国樊重只国也。重母畏雷，为母立石室以避之，悉以文石为阶砌，至今犹存。"

古代人其实并不知道绝缘避雷的道理。他们建造石室，仅以为大青石坚固，不易为雷所劈裂罢了。但它表明，当时我国已经能采用适当的措施来躲避雷击了。

在《汉书·五行志》中，记有"文帝七年六月癸酉，未央宫东阙灾"、"太初元年，柏梁台灾"等数十条这样的记录。在柏梁台遭雷击后重建时，有个方士向汉武帝提出在屋顶设"鸱尾"的防雷击方法。

"鸱尾"就是在屋脊上安装一些由铜铁所制，状如牛角一样的金属尖端刺向天空的装置。

经过长达数千年的变化，"鸱尾"已有多种外形。有变为龙形物以铁制龙舌或龙须，龙尾刺向天空的；也有呈鸟鹊或雄鸡状。虽然这些安装在屋脊上的装饰物的外形都不尽相同，但是它们都有几条铁制尖端物刺向天空，这就是它们共同的特点。

除了"鸱尾"外，在我国古代的许多建筑物上还设置有各种动物形状的瓦饰，尤其是那些昂首向上伸舌并涂有一层金属涂料的吻兽，实际上已经起到了避雷的作用。

例如，江苏省高淳县固城湖西北有一"保圣寺塔"，建于239年，总高31.5米。塔顶就有4米高的铁制古刹，是由覆钵、相轮、宝葫芦等几部分组成。该塔长期以来虽多次损坏，却未遭雷击，看来塔顶铁刹也起了避雷的作用。

在我国古代的许多高大殿宇的建筑群中，常有所谓的"雷公柱"之类的设置，而这些设置通常是采用一些容易导电的材料直达地下，这实际上就是最原始的"避雷针"。

明代初期朱元璋定鼎金陵之后，曾派大臣到北京去捣毁元帝的旧宫。参与此事的工部侍郎萧询后来写有《故宫遗事》一书，记录了他当时在北京的见闻。

据该书记载，他在北京万寿山顶的广寒殿旁曾亲眼见到了金章宗所立的"镇龙铁杆"。

金章宗在"广寒殿"避暑时，由于夏天多雷，就不能不考虑位于山顶建筑物的防雷问题。铁杆上端的"金葫芦"呈尖端状，铁杆又使金葫芦和大地相通；因而所谓的"镇龙"，实际就是"避雷"。

萧询所见到的就是为"广寒殿"免遭雷击而建造的"镇龙铁杆"，这可以说是世界上最早的"避雷针"。其建造时间要比富兰克林发明的避雷针早数百年。

拓展阅读

武当山天柱峰上有一座铜制房屋金殿，在明代建成后，每当雷雨交加时，金殿周围就会出现盆大的火球，来回滚动；雨过天晴后，大殿光亮如新，像被洗过一样。

其实这是自然界的雷电现象。当带有大量电荷的云层与金殿顶部形成巨大的电势差时，就会使空气电离，产生电弧光，这就是闪电。强大的电弧使周围的空气剧烈膨胀而爆炸，在金殿周围滚动，并发出巨大声响。这就是原因所在。后来采取了避雷措施，才从根本上改变了这一现象。

磁现象与电现象记载

古代关于磁学的知识相当丰富。我们祖先对磁的认识，最初是从冶铁业开始的。古籍中记载了很多有关磁学知识。磁与电有本质上的联系。古代对于某些静电现象的记载，如摩擦起电、地光与极光的电磁现象等，这恰恰是和磁现象相并列的。

在我国古代，大约在春秋末期成书的《管子·地教篇》、战国时期的《鬼谷子》、战国末期的《吕氏春秋》等，都曾记述了天然磁石及其吸铁现象，还记述了世界上最古老的指南针"司南"。

秦始皇统一全国之后，自觉功绩可以与三皇五帝相比。他嫌都城咸阳的宫室太小，不足以展现自己君临天下的威仪，就在公元前212年，下令在王家园囿上林苑所在的渭河之南、皂河之西，建造规模庞大的宫殿群落阿房宫。

相传当年秦始皇在建造阿房宫北阙门时，令能工巧匠们"累磁石为之"，故称"磁石门"。磁石门运用了"磁石召铁"的原理，类似现代的安全检查门。

磁石门的作用，一是为了防止行刺者，在入门时以磁石的吸铁性能使隐甲怀刃者不能通过；二是为了向"四夷朝者"显示神奇，使其惊恐却步，不敢有异心，故也称"却胡门"。

磁石门的营造，反映了秦国高超的科学技术水平。这在我国乃至世界历史上尚属首创，可以算得上是世界科技史上的一大创举。

其实远在2000多年前，我国古代劳动人民就开始同磁打交道。人

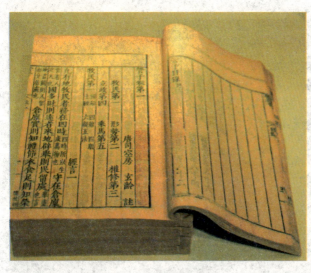

们在同磁石不断接触中，逐渐了解到它的某些特性，并且利用这些特性来为人类服务。

古人在寻找铁矿的过程中，必然会遇到磁铁矿，就是磁石。我国古籍中关于磁石的最早记载，是在《管子·地教篇》中："上有慈石者，下有铜金。"

古代人把磁石的吸铁特性比作母子相恋，认为"石，铁之母也。以有慈石，故能引其子；石之不慈者，亦不能引也"。

因此，汉代初期，都是把"磁石"写成"慈石"。

对于磁石吸铁这一问题，宋代道士陈显微和道教学者俞琰曾经作过探讨，认为磁石所以吸铁，是有它们本身内部的原因，是由铁和磁石之间内在的"气"的联系决定的，是"神与气合"使然。

明代末期地理学家刘献廷在他的《广阳杂记》一书中也认为，磁石吸铁是由于它们之间具有"隔碍潜通"的特性。刘献廷还把铁的磁屏蔽作用理解为"自然之理"。

这种力图用自然界本身来解释自然现象的观点是唯物主义的。考虑到当时的科学水平，也只能作出这样解释。

我国古代还把磁石吸铁性应用于生产上。清代乾隆年间进士朱琰著的《匋说》记有古代烧白瓷器的时候，用磁石过滤釉水中的铁屑。因为素瓷如果沾有铁屑，烧成后就会有黑斑。

磁石也应用于医疗上，明代医学家李时珍的《本草纲目》记载，宋代的人用磁石吸铁作用来进行某种外科手术，如在眼里或口里吸收某些细小的铁质异物。这在现代已经发展为一种专门的磁性疗法，对关节炎等疾病显示出良好的疗效。

我国关于地球磁场可以磁化铁物的记载，也见于一些著作中。如明代方以智的《物理小识》卷8《指南说》的注中引滕摅的话："铁条长而均者，悬之亦指南。"

磁偏角、磁倾角和地磁场的水平分量称作"地磁三要素"。欧洲人对磁偏角的发现是在哥伦布海上探险途中的1492年，磁倾角的发现还要晚一些。而我国对磁偏角、磁倾角的发现都要早得多。

北宋时期官修军事著作《武经总要》所记述的制指南针法，是包含有一定的地磁学知识的。甚至有关磁倾角的知识也反映在这种磁化法中。既然指南针在磁化过程中要北端向下倾斜，这就隐含着当时的人们已经意识到有个倾角的存在。

至今所发现的有关磁偏角的比较权威的文献记载，是北宋时期沈括的《梦溪笔谈》。

沈括在磁学上的贡献有如下3点：一是给出了人工磁化方法，二是在历史上第一次指出了地磁场存在磁偏角，三是讨论了指南针的4种装置方法，为航海用指南针的制造奠定了基础。另外，沈括对大气中的光、电

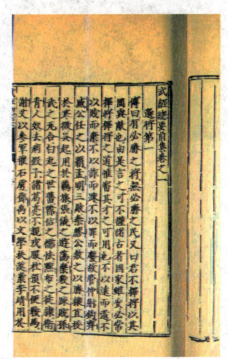

现象也进行了研究。

从后来的地磁学发展知道，磁偏角是随地点的变化而变化的，而同一地点的磁偏角大小又随时间的推移而不断改变。这些变化是由于地磁极不断变动所致。

至南宋时期，磁偏角因地而异的情况有了更明确的记载，并且被应用到堪舆罗盘上。

至元明清时期，堪舆罗盘也都设有缝针，而且不同时期、不同地域所制的罗盘的缝针方位也都不一致。这可以看成是我国古代关于偏角因时、地而变化的原始记录。

在物理学上，磁与电有着本质上的联系。我国古人把磁现象与静电现象联系在一起，并且统一地归结为"气"，是有意义的。后来人们对于静电吸力的观察更加深入了，发现了一些特别的情况。

比如三国时期，人们已经知道"琥珀不取腐芥"。"琥珀"是一种树脂化石，绝缘性能很好，经过摩擦后就能吸引轻小物品。这个现象，汉代以来就为人们所熟知。

"腐芥"是指腐烂了的芥籽，必定饱含水分，因而具有黏性，容易粘着别的物体上，难以吸动。

另外，腐芥上蒸发出水气使周围空气以及和它接触的桌面都潮湿，以致易于导电。当腐芥接近带电体，因感应而产生的电荷，容易为周围的潮湿空气传走，所以静电吸力一定很小。

可见"琥珀不取腐芥"不但是事实，而且是符合电学原理的，也是人们深入观察研究摩擦起电现象所得到的一个结论。

古人认为，琥珀经过人手的摩擦，容易起电，才是真的琥珀。可见，古人已经知道以是否具有明显的静电性质，作为鉴别真假琥珀的标准，这是初步的电学知识的实际应用。

摩擦起电在一定条件下，能够发生火星，并伴随轻微的声响。这种称为"电致发光"的现象，在古代也时有发现与记录。

晋代张华《博物志》记载："今人梳头、脱着衣时，有随梳、解结有光者，也有咤声。"这里记载了两个现象，一个是梳子和头发摩擦起电，另一个是外衣和不同原料的内衣摩擦起电。

古代的梳子，有漆木、骨质或角质的，它们和头发摩擦是很容易起电的；丝绸、毛皮之类的衣料，互相摩擦也容易起电。当天气干燥，摩擦强烈时，确实能有火星与声响。

当然这火星与声响是十分微弱的，古人能觉察到，说明十分仔细、认真。

古代观察到的电磁现象，比较有代表性的除了雷电以外就是地光与极光。

我国古代关于地光的记载，以各地方志里为最多，例如：《成都志》记载，293年2月4日，成都发生地震之前，"有火光入地"；《正德实录》记载，1513年12月30日，四川"有火轮见空中，声如雷，次日戊戌地震"；《颍上县志》记载，1652年3月24日，安徽颍上地震发生时，"红光遍邑"等。

所有这些文字里的"火光"、"火轮"、"红光"等都是古人形容地光的名词。

上述这些记载是如此确切、生动，它们是科学史上极其珍贵的资料。它们的意义在于地光能够反映岩层的活动，和地震有着密切的内在联系，尤其是有助于临震预报。

极光分为北极光和南极光。我国地处北半球，故只能看到北极光。高纬度地区看到极光的机会比较多，但在中低纬度地区偶尔也可以看到，不过亮度要弱得多。

一般认为极光的原因在于：太阳发射出来的无数带电粒子受到地球磁场的作用，运动方向发生改变，它们沿着地球磁力线降落到南、北磁极附近的高空层，并以高速钻入大气层，这些带电粒子跟大气中的分子、原子碰撞，致使大气处于电离并发光，这就是极光。

各种原子发出不同的色光，所以极光呈现五彩缤纷的颜色，一般为黄绿色，但也有白色、红色、蓝色、灰紫色，或者兼而有之。

我国古代关于极光的记载很早。远在几千年前传说的黄帝时期曾出现过"大电光绕北斗枢星"。

战国时期的《竹书纪年》记录了大约发生在公元前950年的一次极光："周昭王末年，夜清，五色光贯紫微。其年，王南巡不返。"描述了极光的时刻、方位和光色，是我国最早而翔实的极光记载，比西方早了600多年。我国古代关于极光的记载是很丰富的。当时没有极光的名称，而是根据各种极光现象的形状、大小、动静、变化、颜色等分别加以称谓。

这种分类命名法，最早见于《史记·天官书》，可见至少已有2000多年的历史了。

极光是研究日地关系的一项重要课题，它跟天体物理学和地球物理学都有密切的关系。古代记载下来的极光史料，可以帮助人们了解过去太阳活动、地磁、电离层等变动的规律，还可以探讨古地磁极位置的变迁过程。

拓展阅读

附宝是有娇氏部族的女子，有熊国国君少典的妻子，黄帝公孙轩辕的母亲。

附宝与少典成婚后，某夜在郊外田间散步，抬头仰望星空，突然天空发出一道万丈光芒，如闪电，似银蛇。围绕北斗七星旋转不停。最后这道光芒从天而降，竟然落在附宝身上，附宝只感到腹中有动，自此就有了身孕。

附宝感极光而有身孕，显然是神话传说。但大自然的这一奇观震撼着人们的心灵，困惑着人们的认知力，人们就将它和伟大人物的诞生联系在一起。

人工磁化法的发明

　　我国很早就发现了天然磁石能够指示南北的特性，进而掌握了人工磁化技术。这在磁学和地磁学的发展史上是一件大事，也对指南针的应用和发展起了巨大的作用。

　　人工磁化方法，是我国古代劳动人民通过长期的生产实践和反复多次的试验而发明的，这在磁学和地磁学的发展史上是一个飞跃。

汉武帝好神仙，所以汉武帝一朝涌现出了许多有名的术士。当时有个方士栾大，这个人喜欢说大话，夸海口时连眼睛都不眨。

有一天，栾大对汉武帝说："我曾经出海神游，和仙人相见。这些仙人身藏仙药，人吃了可以长生不老。"

汉武帝对栾大的话将信将疑。栾大自告奋勇先表演一个小方术，让汉武帝验明正身，开开眼界。

栾大表演的是斗棋。他事先用鸡血、铁屑和磁石掺在一起，捣好后涂在棋子上面。表演的时候，他把棋子摆放在棋盘上，故意念念有词，棋子由于磁力吸引，互相撞击不停。

不知就里的汉武帝和在场的人看得眼花缭乱，以为有神力驱使，禁不住连声喝彩。遂拜栾大为"五利将军"，并让栾大赶紧去东海向神仙求长生不老药。

焦灼的汉武帝询问栾大何时入海。

栾大不敢冒着生命危险入海，就到泰山做法事去了。

栾大欺骗汉武帝的本领确有独到之处，他能让棋子在磁棒牵引下互相撞击，但同时也说明他对磁铁很有认识的。

其实，栾大斗棋所用的方法，是古书中记载的人工磁化法之一，即"磁粉胶合法"。

古人对于磁铁的认识和利用由来已久，而且掌握了一定的人工磁化法。我国古籍中有关人工磁化法的记载，基本上有3种：磁粉胶合法、地磁感应法和摩擦传磁法。

磁粉胶合法始于汉代。西汉《淮南万毕术》说"慈石提棋"，其做法是用起润滑作用的鸡血磨针，将磨针时所得的鸡血与铁粉混合物中拌入磁石粉末，涂在棋子表面。晾干后摆在棋盘上，会出现棋子相互吸引或相互排斥现象。

很明显，这种棋子已成为人造磁体。

从理论上看，每颗磁石粉末均具有极性，掺入铁屑能大大增强磁畴。将磁粉与铁粉粘在棋子上，放在地磁场中慢慢晾干，在晾干过程中，每个磁石与铁的小颗粒必循着地球磁感应线作有规则的排列，棋

子会显极性，它能与磁石相吸或相斥。

南宋时期庄绰在《鸡肋篇》就曾写道："捣磁石错铁末，以胶涂瓢中各半边"，"以二瓢为试，置之相去一二尺，而跳跃相就，上下宛转不止。"

明代方以智也记载过类似的事。结合起来看，古代也许确实使用磁粉胶合法制成的人造磁体。

地磁感应法最典型的应用就是北宋《武经总要》所记述的制指南鱼法。这个关于地磁感应法，是世界上人工磁化方法的最早实践。

这一方法的原理是：首先把铁叶鱼烧红，让铁鱼内部的分子动能增加，从而使分子磁畴从原先的固定状态变为运动状态。

其次，铁鱼入水冷却时必须取南北方向，这时铁鱼就被磁化了。现在分析起来是很有道理的。因为这样使鱼更加接近地磁场方向，最大限度地利用地磁感应。可见在这里已经意识到地磁倾角的存在。

再次，"蘸水盆中，没尾数分则止"，使它迅速冷却，把分子磁畴的规则排列固定下来，同时也是淬火过程。

最后，指南鱼不用时要放在一个铁制的密闭盒中，以形成闭合磁路，避免失磁，或者顺着一定方向放在天然磁石旁边，继续磁化。

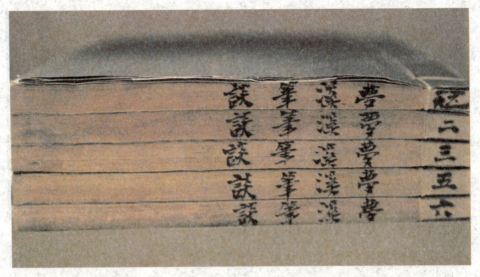

这种磁化法完全是凭经验得来的，但是它是磁学和地磁学发展的重要一环，比欧洲用同样磁化方法早了400多年。

利用地磁场进行人工磁化所得到的磁性还是比较低的，这就限制了这种人工磁体的实用价值。后来，人们又发明了摩擦传磁法。这种人造磁体的方法最早见于北宋沈括所著的《梦溪笔谈》。

沈括《梦溪笔谈》说道："方家以磁石磨针锋，则能指南。"意思是说，专门研究物理的人用磁石摩擦针锋，能够使铁针带上磁性。这种方法，简便易行，它的发现与推广，对于磁体的获得与应用，首先是指南针的生产、应用，起到重大的作用，其价值是无可估量的。

在现代电磁铁出现以前，几乎所有的指南针都是用这种方法制成的。就是在今天这种方法仍然有人使用。

在西方，直至1200年古约特才记载了利用天然磁石摩擦铁针制作的指南针的方法，比北宋时期沈括的记载晚了一个多世纪。

由于对磁体性质认识的深化和人造磁体的发明，使得磁体的应用成为可能。古代对于磁体的用途是相当广泛的，除了上述磁指南器外，磁体也被用到军事上去。

晋武帝时，鲜卑首领秃发树机能攻陷凉州。晋武帝命名将马隆为讨虏护军。马隆受命后，于道路两旁堆积磁石，吸阻身着铁铠的秃发树机能部众，使其难以行进。而晋军均被犀甲，进退自如。马隆军转战千余里，杀秃发树机能，凉州遂告平定。马隆以磁石吸阻披甲敌军是否属实，当然还要研究，但至少可以当作设计思想来看。

在生产上，磁体被用于制陶、制药等工艺中，以吸去掺在原料中的铁屑，保证产品的纯净洁白。

我国是世界上采用磁疗治病最早的国家。公元前180年，汉代史学家司马迁在《史记·扁鹊仓公列传》中记载："齐王侍医遂病，自炼五石服之，口中热不溲者，不可服五石。"其中的"五石"是指磁石、雄黄、曾青、丹砂和白矾。

以上史实说明，我国古代在认识和应用磁石方面，相当长的一段时间里，是走在世界前列的。

拓展阅读

太阳黑子是一种宇宙磁现象。宇宙磁现象所涉及的空间范围和时间尺度都远超过地球，其中就包括太阳释放黑子这一磁活动。我国古代对太阳黑子的观测和记载走在了世界前列，为世界天文事业的发展作出了卓越贡献。

我国先人早已发现了太阳黑子，并对太阳黑子的活动情况进行了记载。根据我国研究人员收集与整理，自公元前165年至1643年，史书中观测黑子记录为127次。这些古代观测资料为今人研究太阳活动提供了极为珍贵、翔实可靠的资料。

指南针的发展与演变

指南针是我国四大发明之一。它经过漫长的岁月，跨过了司南和指南鱼两个发展阶段，最终发展成一种更加简便、更有实用价值的指向仪器。

我国是最早将指南针用于航海的国家。南宋后，罗盘在航海中普遍使用，约12世纪末13世纪初，我国指南针由海路传入阿拉伯，又由阿拉伯传到欧洲。

　　最初的指南针古人称它"司南"。"司南"是指南的意思。它是用天然磁石制成的。

　　磁石的南极磨成长柄，放在青铜制成的光滑如镜的地盘上，再铸上方向性的二十四向刻纹。这个磁勺在地盘上停止转动时，勺柄指的方向就是正南，勺口指的方向就是正北，这就是传统上认为的世界上最早的磁性指南仪器。

　　随着社会生产力的不断发展，科学技术的不断进步，航海业的不断扩大和发展，制造出一种比司南更好的指向仪器不但成为必要，而且也有了可能。

　　在经过劳动人民长期的生产实践和反复多次的试验之后，人们终于发现了人工磁化的方法，这样就产生了更高一级的磁性指向仪器。

　　北宋初年已经出现了指南鱼和指南针。指南鱼在行军需要的时候，只要用一只碗，碗里盛半碗水，放在无风的地方，再把铁叶鱼浮在水面，就能指南。但是这种用地磁场磁化法所获得的磁体磁性比较弱，实用价值也比较小。

指南针是以天然磁石摩擦钢针制得。钢针经磁石摩擦之后，便被磁化，也同样可以指南。

南宋时期学者陈元靓在他所撰的《事林广记》中，也介绍了当时民间曾经流行的有关指南针的两种装置形式，就是木刻的指南鱼和木刻的指南龟。

木刻指南鱼是把一块天然磁石塞进木鱼腹里，让鱼浮在水上而指南。

木刻指南龟的指向原理和木刻指南鱼相同，它的磁石也是安在木龟腹，但是它有比木鱼更加独特的装置法，就是在木龟的腹部下方挖一小穴，然后把木龟安在竹钉子上，让它自由转动。

这就是说，给木龟设置一个固定的支点。拨转木龟，待它静止之后，它就会南北指向。

正如在使用司南时需要有地盘配合一样，在使用指南针的时候，也需要有方位盘相配合。

最初，人们使用指南针指向可能是没有固定的方位盘的，但是不久之后就发展成磁针和方位盘联成一体的

罗经盘，或称"罗盘"。方位盘仍是汉时地盘的二十四向，但是盘式已经由方形演变成环形。

罗盘的出现，无疑是指南针发展史上的一大进步，只要一看磁针在方位盘上的位置，就能定出方位来。

南宋时期学者曾三异在《同话录》中说道：

地螺或有子午正针，或用子午丙壬间缝针。

这里的"地螺"就是地罗，也就是罗盘。这是一种堪舆用的罗盘。这时候已经把磁偏角的知识应用到罗盘上。

这种堪舆罗盘不但有子午正针，即以磁针确定的地磁南北极方向，还有子午丙壬间的缝针，即以日影确定的地理南北极方向。这两个方向之间有一夹角，这就是磁偏角。

当时的罗盘，还是一种水罗盘，磁针还都是横贯着灯芯草浮在水面上的。北宋时期书画家徐兢的《宣和奉使高丽图经》中说，在海上航行时，遇到阴晦天气，就用指南浮针。

旱罗盘大概出现在南宋。旱罗盘是指不采用"水浮法"放置指南针磁针的罗盘，通常是在磁针重心处开一个小孔作为支撑点，下面用轴支撑，并且使支点的摩擦阻力十分小，磁针可以自由转动。

显然，旱罗盘比水罗盘有更大的优越性，它更适用于航海，因为磁针有固定的支点，而不会在水面上游荡。

旱罗盘的这种磁针有固定支点的装置法，最初的思想起源很早。因为司南就有一定的支点，另外沈括的磁针装置试验，也有设置固定支点。

指南针作为一种指向仪器，在我国古代军事上、生产上、日常生活上、地形测量上，尤其在航海事业上，都起过重要的作用。

我国的指南针大约是在12世纪末至13世纪初经过阿拉伯传入欧洲的，对世界经济的发展起到了积极作用。

拓展阅读

明代初期航海家郑和率船队"七下西洋"，之所以安全无虞，全靠指南针的忠实指航。

郑和船队从江苏刘家港出发到苏门答腊北端，沿途航线都标有罗盘针路，在苏门答腊之后的航程中，又用罗盘针路和牵星术相辅而行。指南针为郑和开辟我国到东非航线提供了可靠的保证。

古代

力学知识源于对自然现象的观察和劳动。我国古代劳动人民在长期的生产实践中，积累了丰富的力学知识，取得了丰硕成果。

古代力学所取得的成就是多方面的。不仅掌握了基本的力学法则，对物体的动静状态及重心和平衡有着深刻的认识，还在简单机械运用方面涌现了许多关于斜面、杠杆、滑轮的发明创造，又在固体物理学方面发现了弹性定律和研究了晶体。

这些科技成果，拓宽了物理学研究领域，有力地推动了社会和科学技术的进步。

对力的认识与运用

　　力是物理学中很重要、很基本的概念，它的形成在物理学史上经过了漫长的时间，后来物理学家才对它作出准确的定义。

　　我国古人通过对力的研究，掌握了基本的力学法则，还认识到浮力原理、水的表面张力、虹吸现象及大气压力等，并留下了丰富的史料。

　　曹冲是曹操的儿子，自小生性聪慧，五六岁的时候，智力就和成人相仿，深受曹操喜爱。

　　有一次，东吴的孙权送给曹操一头大象，曹操带领文武百官和小儿子曹冲，一同去看。曹操的人都没有见过大象。这大象又高又大，光说腿就有大殿的柱子那么粗，人走近比一比，还够不到它的肚子。

　　曹操对大家说："这头大象真是大，可是到底有多重呢？你们哪个有办法称它一称？"

　　这么大个家伙，可怎么称呢？大臣们纷纷议论开了。大臣们想了许多办法，一个个都行不通，真叫人为难了。

　　这时，从人群里走出一个小孩，对曹操说："父亲，儿有一法，可以称大象。"

　　曹操一看，正是他最疼爱的儿子曹冲，就笑着说："你小小年纪，有什么法子？"

曹冲把办法说了。曹操一听连连叫好，吩咐左右立刻准备称象，然后对大臣们说："走，咱们到河边看称象去！"

众大臣跟随曹操来到河边。河里停着一艘大船，曹冲叫人把象牵到船上等船身稳定了，在船舷上齐水面的地方，刻了一条痕迹。

再叫人把象牵到岸上来，把大大小小的石头，一块一块地往船上装，船身就一点儿一点儿往下沉。等船身沉到刚才刻的那条痕迹和水面一样齐了，曹冲就叫人停止装石头。

大臣们睁大了眼睛，起先还摸不清是怎么回事，看到这里不由得连声称赞："好办法！好办法！"

现在谁都明白，只要把船里的石头都称一下，把重量加起来，就知道象有多重了。

曹操自然更加高兴了。他眯起眼睛看着儿子，又得意洋洋地望望大臣们，好像心里在说：你们还不如我的这个小儿子聪明呢！

曹冲称象的方法，正是浮力原理的具体运用。其实在浩瀚的我国史籍中记述了各种各样的力，其中不乏有趣的故事，古人对力的认识是值得称道的。

在甲骨文中，"力"字像一把尖状起土农具耒。用耒翻土，需要体力。这大概是当初造字的本意。

《墨经·经上》最早对力作出有物理意义的定义：力是指有形体的状态改变；如果保持某种状态就无需用力了。

墨家定义力，虽然没有明确把它和加速度联系在一起，但是他们从状态改变中寻找力的原因，实际上包含了加速度概念，它的意义是极其深刻的。

战国初期成书的《考工记·辀人》最早记述了惯性现象。它描述赶马车的经验：在驾驭马车过程中，即使马不再用力拉车了，车还能继续往前行一小段路。

对重力现象最早作出描写的是《墨经·经下》。它指出，当物体不受到任何人为作用时，它做垂直下落运动。这正是重力对物体作用的结果。

在力学中有一条法则：一个系统的内力没有作用效果。饶有趣味的是，我国古人发现和这有关的现象惊人地早。

《韩非子·观行篇》中最早提出了力不能自举的思想："有乌获之劲，而不得人肋，不能自举。"据说是秦武王宠爱的大力士，能举千钧之重。但他却不能把自己举离地面。

东汉时期王充也说，一个身能负千钧重载，手能折断牛角，拉直

铁钩的大力士，却不能把自己举离地面。然而，这正是真理所在。

力气再大的人，也不能违背上述那条力学法则。因为当自身成为一个系统时，他对自己的作用力属于内力。系统本身的内力对本系统的作用效果等于零。

在我国关于浮力原理的最早记述见于《墨经·经下》，大意说：形体大的物体，在水中沉下的部分很浅，这是平衡的缘故。这一物体浸入水中的部分，即使浸入很浅，也是和这一物体平衡的。表明墨家已懂得这种关系。他们是阿基米德之前约200年表达这一原理的。

浮力原理在我国古代得到广泛应用，史书上也留下了许多生动的故事。据记载，战国时燕国国君燕昭王有一头大猪，他命人用杆秤称它的重量。结果，折断10把杆秤，猪的重量还没有称出来。他又命水官用浮舟量，才知道了猪的重量。

除了用舟称物之外，用舟起重是我国人的发明。这方面的例子也有很多。

对于液体的表面张力现象古人也有认识。表面张力是发生在液体表面的各部分互相作用的力，它是液体所具有的性质之一。表面薄膜、肥皂泡、球形液滴等都是由于表面张力而形成的。

据记载，明熹宗朱由校玩过肥皂泡，当时人称它"水圈戏"。方以智说："浓碱水入松香末，蘸小蓂圈挥之，大小成球飞去。"

水的表面张力虽然不算大，但是如果把像绣花针那样的比较轻的物体小心地投放水面，针也能由于水的表面张力而不下沉。

我国古代的妇女们就利用这种现象于每年农历七月初七进行"丢针"的娱乐活动。

明代学者刘侗的《帝京景物略·春场》中在记述"丢针"时写道，由于"水膜生面，绣针投之则浮"。这些话表明当时的人们已经提出了表面张力的物理效应的问题。

古人对大气压力也有认识。虹吸管一类的虹吸现象，就是由于大气压力而产生的。虹吸管，在古代叫"注子"、"偏提"、"渴乌"或"过山龙"。

东汉末年出现了灌溉用的渴乌。西南地区的少数民族用一根去节弯曲的长竹管饮酒，也是应用了虹吸的物理现象。

宋代曾公亮在《武经总要》中也有用竹筒制作虹吸管把被峻山阻隔的泉水引下山的记载。

在生产和生活的实践中，我国古代还应用了唧筒。宋代苏轼的《东坡志林》中，曾经记载四川盐井中用唧筒来把盐水吸到地面。

正是由于广泛使用了虹吸管和唧筒一类器具，有关它们吸水的道理也就引起了古代人的探讨。比如南北朝时期成书的《关尹子·九药篇》中说：有两个小孔的瓶子能倒出水，闭住一个小孔就倒不出水。

这个现象完全是真实的。因为两个小孔一个出水，一个可以同时进空气，如果闭住一个小孔，另一个小孔外面的空气压力就会比瓶里水的压力大，水就出不来了。

唐代医学家王冰曾经用增加一个小口的空瓶灌不进水的事例，说明是因为瓶里气体出不来的缘故，这也是符合实际的。

宋末元初道教学者俞琰在《席上腐谈》卷上中又补充了前人的发现。他说在空瓶里烧纸，立即盖在人腹上，就能吸住。

这就是现在大家熟知的拔火罐，由于纸火把瓶里的一部分空气赶出瓶外，火熄灭后瓶里就形成负压，也就是说造成一定的真空，瓶外的空气压力就把瓶紧紧地压在人腹上。如果把这种造成一定真空的瓶放进水里，水就立即涌入瓶里。

明代学者庄元臣在《叔苴子·内篇》又补充了一个例子，他说把空葫芦口朝下压入水中，就会发现水并没有进入葫芦里，这是因为葫芦里有空气的缘故。

拓展阅读

据史籍记载，蒲津大桥是一座浮桥。它用舟做桥墩，舟和舟之间架板成桥。唐代为加固舟墩，在两岸维系巨缆，特增设铁牛8头作为岸上缆柱。宋仁宗时因河水暴涨，桥被毁坏，铁牛也被冲入河中。

有人提出打捞铁牛，重修蒲津桥。精于浮力原理的僧人怀丙，在水浅时节，把两艘大船装满土石，两船间架横梁巨木并系铁链铁钩捆束铁牛。待水涨时节，把舟中土石卸入河中。本来就水涨船高，卸去土石后船涨得更高，于是铁牛被拉出了水面。

对斜面原理的运用

斜面是简单机械的一种，可用于克服垂直提升重物之困难。距离比和力比都取决于倾角。如摩擦力很小，则可达到很高的效率。

我国先民发现，通过斜面牵引重物到一定高度，可以比直接将该物举到同样高度要省力。因此，古人将这一原理运用到建筑、农具制造和农田整治等生产实践中。

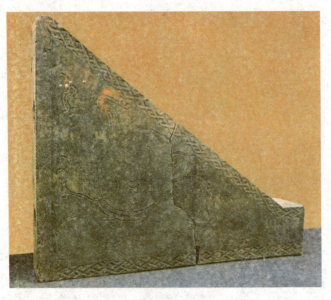

在古代建筑中，常应用木楔或金属楔。楔子是尖劈的一种，人们常用它加固各种建筑物和器具。

据记载，在唐代苏州建造重元寺时，工匠疏忽，一柱未垫而使寺阁略有倾斜。若是请木工再把寺阁扶正，费工费事又费钱。寺主为此十分烦恼。

一天，一位路经此地的外地僧人对寺主说："不需费大劳力，请一木匠为我做几十个木楔，可以使寺阁正直。"

寺主按照他的话，一面请木工砍木楔，一面摆酒盛宴外地僧人。饭毕，僧人怀揣楔子，手持斧头，攀梯上阁顶。

只见他东一楔西一楔，几根柱子楔完之后，就告别而去。10多天后，寺阁果然正直了。

小小几个尖劈，作用却这样巨大！

尖劈是斜面的一种具体形式。原始社会时期，人们打制或磨制的各种石制或骨制工具中，都不自觉地利用了尖劈的原理。

尖劈能以小力发大力，以小力得到大功效。而且尖劈两面的夹角越小，以同样大的原动力就可收到更大的功效。因此，尖劈发展成为尖利的锋刃，如针、锥、铁钩等物。随着建筑材料的进步，各种尖劈也以青铜、铁或钢铁制成。

王充在《论衡·状留》篇中写道：

> 针锥所穿，无不畅达；使针锥末方，穿物无一分之深矣。

可见人们在理论上也知道尖劈原理。

尖劈在机械工程中应用普遍。古代榨油机被称为"尖劈压机"就是一例。在该机架上垒叠方木，在方木的间隙打入长楔，以挤压预先置于方木油槽中的油料。

尖劈原理的另一个重大历史应用是犁的发明。犁中的铧是翻土的主要部件。犁铧以铸铁为之，多为等边三角形，两边削薄成刃，其前端交为犁锋，也即尖劈。

铧多为抛物线形斜面，其功用在于将犁铧所起之土翻向一侧。在犁这一农耕工具中，尖劈与斜面都用上了。今天，虽然犁的外形、大小、质地、发动力等方面有所改进，而犁铧、犁的基本形状及机制却

没有改变。

斜面的力学原理和尖劈相同。人们在推车行走于平地和上坡时，就会发现用力不同。

成书于春秋战国之际的《考工记·辀人》记载：推车上坡，要加倍费力气。用双手举重物到一定高度和用斜面把同样的重物升到同一高度，自然后者容易得多。

《荀子·宥坐》记载：人们不能把空车举上3尺高的垂直堤岸，却能把满载的车推上高山。这是为什么？因为高山的路面坡度斜缓。这正是斜面物理功用的最好总结。

古人对斜面原理的运用还体现在农田整治上。作为一个农业古国，我国古代劳动人民在治理坡耕地方面采取了很多有效措施，而修筑梯田就是山丘地的农民运用斜面原理的典型例子。

梯田最早出现在史前时期。起初人们清除森林或小山顶，以便种植一些粮食作物，或者作为防御工事。如广西龙脊梯田，始建于元代，完工于清代初期，在机械普及以前就很有规模了。

拓展阅读

修整梯田不是为了好看，而是要让庄稼长得更好。因为落在山坡上的雨水会沿着山坡很快流走，肥沃的表层土壤也会随着流水一起流失。

因此，古人就把山坡分成一段一段的，整理成一个个平面，就像楼梯的台阶一样，就把一个斜面变成了很多个小的水平面，这样就可以蓄积水分，种植农作物了。

对杠杆原理的运用

  物理学中把在力的作用下可以围绕固定点转动的坚硬物体叫作杠杆。我国古代的农业、手工业、建筑业和运输业是比较发达的，因此简单机械的成就也是辉煌的，杠杆的应用非常广泛。

  杠杆的使用可以追溯到原始人时期。石器时代，人们所用的石刃、石斧，都用天然绳索把它们和木柄捆绑在一起，或者在石器上钻孔，装上木柄。这表明他们在实践中懂得了杠杆的经验法则：延长力臂可以增大力量。

  桔槔在春秋时期就相当普遍，是我国农村历代通用的旧式提水器具。是在一根竖立的架子上加上一根细长的杠杆，当中是支点，末端悬挂一个重物，前段悬挂水桶，用于汲水。

　　杠杆是最简单的机械，杠杆的使用或许可以追溯至原始人时期。当原始人拾起一根棍棒和野兽搏斗，或用它撬动一块巨石，他们实际上就是在使用杠杆原理。

　　石器时代人们所用的石刃、石斧，都用天然绳索把它们和木柄捆束在一起；或者在石器上钻孔，装上木柄。这表明他们在实践中懂得了杠杆的经验法则：延长力臂可以增大力量。

　　杠杆在我国的典型发展是秤的发明和它的广泛应用。在一根杠杆上安装吊绳作为支点，一端挂上重物，另一端挂上砝码或秤锤，就可以称量物体的重量。

　　南朝宋时的画家张僧繇所绘的《二十八宿神像图》中，就有一人手执一根有个支点的秤。

　　可变换支点的秤是我国古代劳动人民在杆秤上的重大发明，表明了我国古人在实践中已经完全掌握了杆秤的原理。

　　迄今为止，考古发掘的最早的秤是在湖南省长沙附近左家公山上战国时期楚墓中的天平。它是公元前4世纪至公元前3世纪的制品，是

个等臂秤。不等臂秤可能早在春秋时期就已经使用了。

唐宋时期，民间出现一种铢秤，它有两个支点即两根提绳，可以不需置换秤杆，就可称量不同重量的物体。这是我国人在衡器上的重大发明之一，也表明我国先民在实践中完全掌握了杠杆原理。

《墨经》一书最早记述了秤的杠杆原理。《墨经》把秤的支点到重物一端的距离称作"本"，今天通常称"重臂"；把支点到杆一端的距离称作"标"，今天称"力臂"。

《墨经·经下》记载：称重物时秤杆之所以会平衡，原因是"本"短"标"长。

它指出，第一，当重物和权相等而衡器平衡时，如果加重物在衡器的一端，重物端必定下垂；第二，如果因为加上重物而衡器平衡，那是本短标长的缘故；第三，如果在本短标长的衡器两端加上重量相等的物体，那么标端必下垂。

墨家在这里把杠杆平衡的各种情形都讨论了。他们既考虑了

"本"和"标"相等的平衡，也考虑了"本"和"标"不相等的平衡；既注意到杠杆两端的力，也注意到力和作用点之间的距离大小。

虽然他们没有给我们留下定量的数字关系，但这些文字记述肯定是墨家亲身实验的结果，它比阿基米德发现杠杆原理要早约200年。

桔槔也是杠杆的一种，是古代的取水工具。作为取水工具，一般用它改变力的方向。为其他目的使用时，也可以改变力的大小，只要把桔槔的长臂端当做人施加力的一端就行。

桔槔是在一根竖立的架子上加上一根细长的杠杆，当中是支点，末端悬挂一个重物，前段悬挂水桶。一起一落，吸水可以省力。当人把水桶放入水中打满水以后，由于杠杆末端的重力作用，便能轻易把水提拉至所需处。

桔槔早在春秋时期就已相当普遍。如下两条记载反映了春秋战国时使用桔槔的地区主要是经济比较发达的鲁、卫、郑等国。

桔槔的结构，相当于一个普通的杠杆。在其横长杆的中间由竖木支撑或悬吊起来，横杆的一端用一根直杆与汲器相连，另一端绑上或悬上一块重石头。

当不汲水时，石头位置较低；当要汲水时，人则用力将直杆与吸器往下压。

与此同时，另一端石头的位置则上升。当汲器汲满后，就让另一端石头下降，石头原来所储存的位能因而转化，通过杠杆作用，就可能将汲器提升。这样，汲水过程的主要用力方向是向下。

这种提水工具，由于向下用力可以借助人的体重，因而给人以轻松的感觉，也就大大减少了人们提水的疲劳程度。

桔槔延续了几千年，是我国古代社会的一种主要灌溉机械。这种简单的汲水工具虽简单，但它使劳动人民的劳动强度得以减轻。

拓展阅读

汉代的刘向著有《说苑》共20卷，按各类记述春秋战国至汉代的逸闻趣事。其中的《反质》一篇记载郑国大夫邓析推广农业灌溉机械桔槔的事。

有一次邓析过卫国时，见有5个男子背着瓦罐从井里汲水浇灌韭菜园子，从早至晚只能浇一畦。

邓析路经这里，看到他们笨重的劳动，便下了车，教他们说："你们可以做一种机械，后端重，前端轻，名叫'桔槔'。使用它来浇地，一天可浇百畦而不觉累。"

这是邓析对桔槔工作效率较全面的描述。

对滑轮原理的运用

滑轮是一个周边有槽，能够绕轴转动的小轮。由可绕中心轴转动有沟槽的圆盘和跨过圆盘的柔索所组成，是可以绕着中心轴转动的简单机械。

我国古代很早就出现了滑轮，至少从战国时期开始，滑轮在作战器械、井中提水等生产劳动中被广泛应用。

大禹铸九鼎后，夏、商、周三代，帝王皆以其为天下之神器，传国之重宝。失宝器而亡国，得九鼎而有天下，故九鼎，成了当时操控天下的象征。后来，传说秦始皇东巡后，路过徐州彭城的泗水，见到水中露出一周鼎，心中大喜，随命其随从设法捞鼎。汉画像石中有《泗水捞鼎》的场面。

在画面上，总管捞鼎的高官站在桥上，指挥秦人在周鼎出没的位置安装上很大的架子，上有一个横梁，横梁上面贯穿着一只滑轮。

更有意思的是，这次捞鼎，运用了高竿双滑轮联动法。河中树立两支高竿，每竿顶部都装一大滑轮；各有一群人在拉滑轮上的绳子。两滑轮间，两绳各吊一只鼎耳，向上起吊一只三足大圆鼎。

可惜，当时秦人只得到8座鼎。传说那一座神鼎即将要打捞上来时，鼎内一龙头伸出，咬断了系鼎的绳索，鼎复沉入水下，再也无法找到。秦始皇命令千人深入水底打捞，终于不得，留下了终生遗憾。

周鼎自刘邦入咸阳，项羽烧秦宫，之后便无踪迹，成为我国历史上的千古谜案。不过，汉代的《泗水捞鼎》画像石告诉我们，九鼎之形，系三足大圆鼎，这应该是当时的共识。

我国古代的滑轮运用，在秦汉时期就开始了。当时有许多大工程，滑轮被广泛应用。

滑轮，古代人称它"滑车"。应用一个定滑轮，可改变力的方向；应用一组适当配合的滑轮，可以省力。

滑轮的另一种形式是辘轳。把一根短圆木固定于井旁木架上，圆木上缠绕绳索，索的一端固定在圆木上；另一端悬吊水桶，转动圆木就可提水。只要绳子缠绕得当，绳索两端都可悬吊木桶，一桶提水上升，另一桶往下降落，这就可以使辘轳总是在做功。

辘轳大概起源于商周时期。据宋代曾公亮著《武经总要·水攻·济水府》，周武王时有人以辘轳架索桥穿越沟堑的记载。

最早讨论滑轮力学的还是《墨经》。《墨经·经下》把向上提举重物的力称作"挈"，把自由往下降落称作"收"，把整个滑轮机械称作"绳制"。

《墨经》中说：以"绳制"举重，"挈"的力和"收"的力方向相反，但同时作用在一个共同点上。提挈重物要用力，"收"不费力。若用"绳制"提举重物，人们就可省力而轻松。

在"绳制"一边，绳比较长，物比较重，物体就越来越往下降；在另一边，绳比较短，物比较轻，物体就越来越被提举向上。

如果绳子垂直，绳两端的重物相等，"绳制"就平衡不动。如果这时"绳制"不平衡，那么所提举的物体一定是在斜面上，而不是自由悬吊在空中。

墨家对滑轮力学的讨论，使我们不能不赞佩其丰富的力学知识。

拓展阅读

考古工作者曾经采用绞车、滑轮等机械装置，在江西省贵溪仙岩把一口重约150千克的"棺材"吊进了一个离上清河水面约20多米的悬崖洞中。专家认为，此举"重现了2000多年前古人吊装悬棺的壮观场面"，从而"解开了中国悬棺这一千古之谜"。

也就是说，古人曾经利用绞车、滑轮等简单机械，完成了当时从地面起吊悬棺数十米的这一工程。表明古人对滑轮机械的运用已经炉火纯青。

古代热学

　　我国古代的热学知识大部分是生活和生产经验的总结。这些知识包括：获得热源的方法，对热学理论的探讨和实践，对温度和湿度的测量，以及对物质三态变化的研究。

　　我国古代对火的利用和控制，使社会文明大大前进了一步，同时它也是古人对热现象认识的开端。对冷热的认识，古代学者进行了深入研究，并在实践中创造了很多方法来判别温度的高低。在物质三态方面也积累了知识，解释了日常生活中的水、冰、水气和自然界中的雨雪露霜等现象。

获得热源的妙法

热源是发出热量的物体。人类在一两百万年之前就开始利用热源，其中取火就是主要的途径。

古代在实践当中总结了许多行之有效的取火方法，如钻木取火，利用凹透镜获取太阳光热源等。这些方式和方法，提高了生活的质量，推动了社会的发展。

在上古洪荒时期，人们不知道有火，也不知道用火。到了黑夜，四处一片漆黑，野兽的吼叫声此起彼伏，人们蜷缩在一起，又冷又怕。由于没有火，人们只能吃生的食物，经常生病，寿命也很短。

在一个雷雨天，雷电劈在一大片树林的树木上，树木燃烧起来，整个树林很快就变成了熊熊大火。雷雨停后，人们又发现不远处烧死的野兽，

发出了阵阵香味，便聚到火边，分吃烧过的野兽肉。

人们感到了火的可贵，有个年轻人拣来树枝，点燃火，保留起来。每天都有人轮流守着火种，不让它熄灭。可是有一天，值守的人睡着了，火燃尽了树枝，熄灭了。人们又重新陷入了黑暗和寒冷之中，痛苦极了。

一天夜里，年轻人在梦中遇到神人，神人告诉他去燧明国可以取回火种。年轻人醒了，想起梦里大神说的话，决心到燧明国去寻找火种。

在燧明国有一棵大树，名叫"燧木"。这棵树真是异常之大，它的树枝伸展到了10多千米以外的地方。而且大树下到处闪耀着美丽的火光，把四下里照耀得如同白昼。

燧明国百姓，就在这种灿烂的美丽的火光中，躬耕劳作，怡然自得，优哉游哉地靠这种火光生活。

年轻人翻山过河穿森林，历尽艰辛，终于来到了燧明国。他发现

在燧木树上，有几只大鸟正在用短而硬的喙啄树上的虫子。只要它们一啄，树上就闪出明亮的火花。年轻人看到这种情景，脑子里灵光一闪，有了主意。

他立刻折了一些燧木的树枝，用小树枝去钻大树枝，树枝上果然闪出火光。年轻人不灰心，他找来各种树枝，耐心地用不同的树枝进行摩擦。终于，树枝上冒烟了，然后出火了。

年轻人回到了家乡，为人们带来了永远不会熄灭的火种，并带回了钻木取火的办法。

从此，人们再也不用生活在寒冷和恐惧中了。人们被这个年轻人的勇气和智慧折服，推举他做首领，并称他为"燧人"，也就是取火者的意思。

人工取火的发明结束了人类茹毛饮血的时代，开创了人类文明的新纪元。所以，燧人氏一直受到人们的敬重和崇拜，并尊他为三皇之首，奉为"火祖"。

"燧人取火"是我国古人利用热源的传说。

综合历来资料的取火方法，可分为以摩擦等手段发热取火，用凹球面镜对日聚集取火，用化学药物引燃。这3种开发和利用热源的手段，伴随了人类生产和生活数千年。

通过摩擦、打击等手段发热取火始于旧石器中晚期，当时已经知道用打击石头的方法产生火花，后来又发明了摩擦、锯木、压击等办法。古书上所谓"燧人氏钻木取火"，"伏羲禅于伯牛，错木作火"，"木与木相摩则燃"等，都不是子虚乌有，只是借华夏民名人来体现古代先民获取热源的智慧。

铁器使用之后，人们也用铁质火镰敲打坚硬的燧石而发生火星，使易燃物着火。这一些都是利用机械能转换成为热能，当然是十分费力而且很不方便的。

关于利用凹球面镜对日聚集取火，凹球面镜在古代被称为"燧"，有金燧、木燧之分。金燧取火于日，木燧取火于木。

夫燧，是古人在日下取火的用具。它是用金属制成的尖底杯，放在日光下，使光线聚在杯底尖处。杯底先放置艾、绒之类，一遇光即能燃火。因此，夫燧即金燧。另外，《考工记》记载了用金锡为镜，其凹面向日取火的方法。可见，我国在4000年前已有使用光学原理取火的技术了。

汉代，仍用金燧取火。当时也叫"阳燧"，即用铜镜向日取火，也用艾引火燃烧。至宋代，仍然流行金燧取火之法。实际上这就是今天的凸面玻璃镜。

如果我们拿这玻璃镜，向着太阳，镜也会聚如豆，再用易燃物放在底下，顷刻

间即可得火。古代没有玻璃，故用金镜。现代的太阳灶就是从这一道理发展而来的。过去古人出门，身边都带着燧。因为那时的燧为尖顶杯，体积很小，都佩带腰间以备用。但以阳燧取火，有个不足之处，就是天阴或夜晚就不能取到火。

比如古时人们在行军或打猎时，总是随身带有取火器，《礼记》中就有"左佩金燧"、"右佩木燧"的记载，表明晴天时用金燧取火，阴天时用木燧钻木取火。阳燧取火是人类利用光学仪器会聚太阳能的一个先驱。

除古籍记载，考古文物也有这方面证明。考古工作者曾经在河南省陕县上村岭虢国墓出土一面直径7.5厘米的凹面镜，背面有一个高鼻钮，可以穿绳佩挂。

值得注意的是，和这面凹面镜一起出土的还有一个扁圆形的小铜罐，口沿与器盖两侧有穿孔，用以系绳。这大概是供装盛艾绒和凹面镜配对使用的。这可以说是人类早期利用太阳热能的专用仪器，距今已有2500多年的历史了。

凹面镜取火的具体使用方法，东汉时期经学家许慎的一段话说得比较详细：

> 必须在太阳升到相当高度，照度足够时才能使行；引燃物是干燥的艾草；所用的凹面镜的焦距只有"寸余"，聚光能力应当很好；艾草温度升高到一定程度，起先只是发焦，要用人为方法供给足够氧气助燃，才使艾草燃烧发明火。

自战国以来，还曾有过"以珠取火"之说，可能是利用圆形的透明体对日聚集取火，它的效能等于凸透镜聚焦。不过使用一直不太普遍。

我国利用化学药物引燃较早，南北朝时期，北周就发明的"发烛"。它是以蜕皮麻秸做成小片状，长五六寸，涂硫磺于首，遇火即燃，用以发火。在南方，发烛则用松木或杉木制成。

据元代学者陶宗仪的《辍耕录》上说，这种"发烛"实际上是在松木小片的顶部涂上一分来长熔融状的硫磺。就是利用燃点很低的硫磺，一遇红火即可燃成明火。

从南北朝时期发明"发烛"开始，就有专门制造作为商品供应，后来各地所用的材料略有不同，也有"发烛"、"粹儿"、"引光奴"、"火寸"及"取灯"等不同的名称。

这种东西沿用时间很长，直至19世纪欧洲发明的依靠摩擦直接发火的火柴传入我国，才逐步地取代了传统的引火柴。

拓展阅读

周代，钻木取火之法已经大行。古代所钻之木，一年之中，根据不同季节，还要随时改变。因为古人认为：只有根据木的颜色，与四时相配，才能得火，反之则不能得火。也就是说，每逢换季之时，就要改新火。

至南北朝时期，当时仍行钻木取火，但取消过了"更火"这一风俗，不实行改木。唐代钻木取火之法，更加广泛流行。唐代皇帝在每年清明要举行隆重的赐火仪式，把新的火种赐给群臣，以表示对大臣的宠爱。

热学理论与实践

对于热的本质，古代学者进行了深入研究，提出了颇有见地的见解，在物理学历史上留下了宝贵财富。

古代学者研究了热传播与热保温，热膨胀与热应力，并将这些热学理论应用到日常器具的制造及工程等实践中。

有一次，宋徽宗拿了10个紫琉璃瓶给小太监，让小太监命令工匠在瓶里面镀一层金。

工匠都表示无法做到，说："把金子镀在里边，应该用烙铁熨烙使金子平整才行。但是琉璃瓶的瓶颈太窄，烙铁无法到达应到的位置。而且琉璃瓶又脆又薄，耐不住手捏，一定要镀金的话，瓶子肯定要破碎。我们宁愿获罪，也不敢接这个活。"

后来小太监在民间看见锡匠给陶器镀锡的工艺很精巧，就试着拿了一个琉璃瓶请他们帮他在内壁镀金。锡工让小太监第二天去取。

果然，第二天琉璃瓶已镀好。小太监让锡匠和自己一同入宫，并向皇帝禀报了此事。

皇上把宫中工匠全部召集起来，又拿了一个琉璃瓶给锡匠，观看锡匠如何镀金。

锡匠取金凿至薄如纸，然后裹在瓶外。

宫中工匠说："如果这样，谁都能做。我们本来就知道你是俗工，何必来宫中献丑！"

锡匠也不辩解，只见他剥掉所裹金箔，压在银筷子上，插入琉璃瓶中，再输入水银，掩住瓶口，左右摇动，以使水银涂镀在瓶胆上，没有一点缝隙。

这时，宫中工匠方始愕然相视。皇上大喜，重重赏赐了锡匠。

这条史料出自《夷坚志》，是目前所能找到的我国古代水瓶保温技术的最早的记录。而锡匠的做法大体是符合保温瓶制作技术的。

在我国古代，热保温与热传播不仅是工匠们十分重视的一项技术，更是研究者关注的研究课题。事实上，对于类似的热的本质，我国的"五行学说"与"元气论"都有自己的说法。

"五行说"认为构成自然的5种基本元素中就有"火"，而"火"有"燥热"之性，就是热的具体化。

在《墨经》一书中，墨家根据"五行说"解释自然现象，认为木是由水、土、火元素组成的。这是根据树木的生长必须要有水分、土壤与阳光这一农业生产的长期经验所得出的结论。

墨家把燃烧看成"火"元素脱木而出的表现。这个解释后来一直流传着。例如北宋时期学者刘画在《刘子·崇学》中也明确指出：

"木性藏火……钻木而生火。"属于相类似的思想认识。

"元气论"把热看成是一种"气"，它的集中表现是燃为火。所以《淮南子·天文训》有"积阳之热气生火"的说法。

王充《论衡·寒温篇》解释冷热也说是"气之所加"。而关于热的传播，王充试图对热传播的本质加以解释。

王充认识到热是从高温向低

温传播的，并且是通过某种物质的；受热物体所得到热的多少跟它距离热源的远近有关，近热源者得热多，远热源者得热少。

曾侯乙墓出土的两件保温的盛酒器，已有2400多年的历史。这种保温的盛酒器由内外两个独立的容器组成，里面的方形容器是盛酒的，外面的方形容器在冬季用来盛热水。

由于外面容器的容积很大，所以热容量也十分大，能有大量的热传给里面容器中的酒，使酒温很快升高，并达到一定的温度，趋于热平衡。这样，壶中的酒得以保温。

在夏季，外容器储冰，同样也可以保温。有了它，在寒天可以喝到暖人肠胃的汤浴温酒；在热天则可以喝到沁人心脾的冰镇美酒。

对于热膨胀与热应力问题，我国古代制造精密器具时，为了避免器具受温度和湿度的影响而发生形状和体积的变化，很注意选料。

把热膨胀与热应力用之于工程也很常见。战国时期蜀郡太守李冰，在今宜宾一带清除滩险用火烧石，再趁热浇冷水之法。

东汉初四川武都太守虞诩，曾主持西汉时期水航运整治工程，为了清除泉水大石，也用火烧石，再趁热浇冷水，使坚硬的岩石在热胀冷缩中炸裂，以便开凿。

这种"火烧水淋法"后世也有应用。比如明清时期也曾用"火烧法"或叫"烧爆法"来开矿。

在金属冶炼技术中，由于温度变化范围大，热应力问题最值得注意。殷商时代的青铜铸造工艺中，就设法尽量减少热应力。

例如殷代中期的盛酒青铜器"四羊方尊"，它的羊角头采用"填范法"铸成中空，泥胎不拿出。这种方法不仅节省了青铜，更重要的是可以避免在冷缩过程中由于厚薄关系而引起缩孔和裂纹。

同时期一些青铜器的柱脚或粗大部分，也采用这种方法，只有柱脚最末端一二十厘米是铸成实心的。这种填范法是为了减少热应力。

3000多年前减少热应力的"填范法"与后来增大热应力的火烧法，都从不同侧面显示了我国古代对于热膨胀与热应力的认识。

拓展阅读

李冰在修建都江堰的施工中，曾经将木柴架在石头上，点火烧之，当把石头烧得火热时，马上将冷水或醋猛浇其上，热石突然遇冷爆裂，甚至炸成碎片，最后清除了岩障。

李冰运用的这种用火烧岩石的方法，被后人称为"烧石沃醯法"，并一直沿用。

唐代为发展黄河漕运，就用此"烧石沃醯法"，在今山西省的垣曲、夏县和平陆三县的黄河航道北岸开凿成栈道。还用此法在三门峡以东岩石崖开凿成一条"开元新河"，也就是民间俗称的"娘娘河"。